超声检测

U0396420

主　　编：钟海见

副 主 编：马溢坚　屠林杨

编　　委（按姓氏拼音排序）：

程　茂　傅军平　黄　群　李夏书　陶建平

滕　霞　王祥昊　魏　薇　夏福勇　徐登峰

钟　昊　周　宇

主　　审：程　茂　蔡伟勇

审稿人员：郭黎群　滕　霞

浙江工商大学出版社
ZHEJIANG GONGSHANG UNIVERSITY PRESS

·杭州·

图书在版编目(CIP)数据

超声检测 / 钟海见主编 . — 杭州 : 浙江工商大学
出版社 , 2019.7（2021.12 重印）
浙江省特种设备无损检测 Ⅰ 级检测人员培训教材
ISBN 978-7-5178-3313-0

Ⅰ . ①超… Ⅱ . ①钟… Ⅲ . ①超声检测 – 技术培训 –
教材 Ⅳ . ① TB553

中国版本图书馆 CIP 数据核字 (2019) 第 132479 号

浙江省特种设备无损检测Ⅰ级检测人员培训教材

ZHEJIANGSHENG TEZHONGSHEBEI WUSUNJIANCE YIJIJIANCERENYUAN PEIXUNJIAOCAI

——超声检测

CHAOSHENG JIANCE

钟海见 主编

责任编辑	杨　戈
封面设计	姚国栋
责任印制	包建辉
出版发行	浙江工商大学出版社
	（杭州市教工路 198 号　邮政编码 310012）
	（E-mail: zjgsupress@163.com）
	（网址 : http://www.zjgsupress.com）
	电话 : 0571-88904980，88831806（传真）
排版单位	杭州彩地电脑图文有限公司
印　　刷	广东虎彩云印刷有限公司绍兴分公司
开　　本	787mm×1092mm　1/16
印　　张	9.5
字　　数	240 千
版 印 次	2019 年 7 月第 1 版　2021 年 12 月第 2 次印刷
书　　号	ISBN 978-7-5178-3313-0
定　　价	30.00 元

前　言

为做好超声检测Ⅰ级人员的培训考核工作，提高检测人员的理论基础和实际操作能力，提升超声检测整体质量，满足检测标准更新后的需求，浙江省特种设备检验检测研究院组织省内专家编写了这本《超声检测》Ⅰ级教材。

本书作为超声检测人员Ⅰ级取证考核的培训教材，内容设计时，依据《特种设备无损检测人员考核规则》考核大纲的要求，紧扣NB/T47013-2015《承压设备无损检测》，章节顺序参照考核大纲的逻辑顺序设置，内容力求简单具体，满足超声检测基础理论学习及Ⅰ级人员考核需求。

本书也可作为大专院校教材、企业内部培训教材使用。

由于时间仓促，水平有限，经验不足，可能会出现疏漏，诚请批评指正。

编　者

2018年10月18日

目　录

第一部分
无损检测基本知识

第1章　材料基本知识

在人类文明发展进程中，人类天生就会利用自然界中的各种材料来为自己服务，用以改善自己的生活。始祖类人猿会利用天然树木、石块制造简单工具。现代人更是将各种材料进行加工、组合，研制成各种复杂结构件，成为我们生活中不可或缺的工具、器械和设备。

每种材料都有其特性，如果对其有了透彻的认识，并且加以充分利用，制成的工具、器械和设备就能有较强的抵抗破坏的能力，能够稳定地发挥其功效，为人们的生活带来便利，为经济的腾飞提供动力。

如图1-1所示，河北赵县的赵州桥（石拱桥），已经有1400多年的历史，历经 8 次地震不倒；山西朔州应县佛宫寺释迦塔（木塔），建成已经900余年，历经数次地震不倒；如今对国民经济发展举足轻重的石油化工系统生产装置，更是各种结构件的大集成。

赵州桥　　　　　　　　　　释迦塔　　　　　　　　石油化工系统生产装置

图1-1

我们将组成各种简单或者复杂结构件（工具、器械和设备）的最基本组成部分称为构件。构件能否为人类进行持久、安全、稳定的服役，由构件之间相互作用力以及构件自身性质共同作用决定。了解材料力学的基本知识，有助于我们研究各种构件的性能和寿命。

1.1　材料力学基本知识

构件是组成结构件的最基本组成部分，构件的安全、稳定与寿命，与构件的受力状况以及构件受力之后的性能密切相关。

1.1.1　应力和应力集中

（1）应力

构件在工作过程中，受到的来自外部作用的力，称之为外力。外力包括载荷和约束力。外力的作用形式可分为体积力、表面力。

苹果之所以能够砸到牛顿的头上，没有漂浮在空中，是因为苹果受到了地球施加的引力。引力只和物体的质量有关，与物体的形状、大小没有关系。而质量是连续分布于物体内部各点的，因此，物体所受的引力是连续分布于物体内部各点的。

像引力这样，连续分布于物体内部各点的力，称为体积力。

表面力根据受力面积不同，又分为分布力和集中力两种。连续分布于物体表面的力，称为分布力，如水坝受到的水压力；若外力作用面积远小于物体表面的尺寸，可将其看作作用于一点的集中力，如火车车轮对钢轨的压力。如图1-2所示：

（a）水坝受到的水压力　　　　　（b）火车车轮对钢轨的压力

图1-2

构件由于受到外力作用，在其内部会发生微弱或者较大的变形，从而在内部形成附加作用力，称之为内力。

常用截面法分析构件的内力情况。如图1-3所示：取F_1，F_2，F_3，$F_4$4个力作用下的平衡圆柱体中部任一个截面，将圆柱体分为两个部分。对于弹性平衡状态的物体，其所受的外力是相互平衡的，并且内力与外力平衡，内力与内力也平衡。

圆柱体截面两侧的两个部分仍然会是平衡状态，则截面上必然存在内力F_N，F_{QY}或F_{QZ}，扭矩M_X，弯矩M_Y或M_Z。

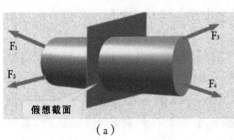

剪力　F_{Qy}

剪力　F_R　F_N

F_{Qz}　轴力

弯矩　扭矩　M_y　M　M_z　M_x　弯矩

F_N —— 轴力：产生轴向的伸长或缩短变形；

F_{Qy} 或 F_{Qz} —— 剪力：产生剪切变形；

M_x —— 扭矩：产生扭转变形；

M_y或M_z —— 弯矩：产生弯曲变形.

F_1　F_2　F_3　F_4

假想截面

（a）　　　　　　　　　　　（b）

图1-3

外力有大小之分，必然导致内力也有强弱之分。常用内力集度，即应力来表示内力的强度。所谓应力，就是截面上单位面积上的内力：方向平行于轴向的应力称为正应力。正应力可分为拉应力和压应力两种，圆柱截面上的正应力为$\sigma = N/A$，方向垂直于轴向的应力为剪应力。

拉应力是能够使材料伸长的应力，压应力是能使材料缩短的应力，剪应力是能使材料沿应力平行方向产生位移的应力。所有的应力，不论有多复杂，都可以描述成两个或多个基本应力的组合。如图1-4所示：

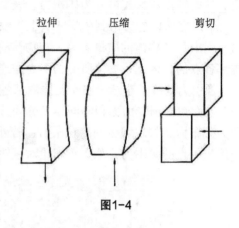

图1-4

（2）应力集中

为什么食品或药品包装袋上都有锯齿？为什么售货员在卖布时，先剪一个小口，再用力撕开？切割玻璃时，为什么要先用金刚石划痕，再轻敲？其实，这都是应用了应力集中的原理。研究发现，构件外形尺寸发生突然变化时会引起构件局部应力急剧增大的现象，称之为应力集中。

中间开孔的圆柱形构件在外力F作用下，其孔边缘（尺寸变化处）出现应力集中，截面中最大应力 σ_{max} 就发生在尺寸突变的孔边缘处。如图1-5所示：

研究和实践表示，构件上的角越尖、孔越小，尺寸变化越急剧，应力集中程度越严重；在构件上开孔、开槽时，应采用圆形、椭圆形或带圆角的，避免或禁止开方形及带尖角的孔槽，在截面改变处采用圆弧光滑过渡，且尽量增大圆弧倒角半径。

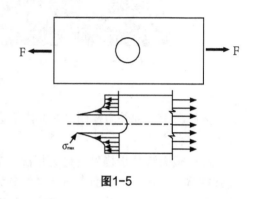

图1-5

1.1.2　力学性能指标

材料是在不同的外界条件下使用的，如在载荷、温度、介质、电场等作用下将表现出不同的行为，即材料的使用性能。材料的使用性能主要包括物理性能、化学性能、力学性能。

材料的力学性能是指材料在不同环境（温度、介质、湿度）下，承受各种外加载荷（拉伸、压缩、弯曲、扭转、冲击、交变应力等）时所表现出的力学特征。

金属材料的力学性能指标表征金属在各种形式外力作用下抵抗变形或破坏的能力。它是评定材料质量、判定材料使用性能的依据，也是设计选材和进行强度计算的主要依据。

金属材料的力学性能包括常温下的强度、塑性、硬度、韧性，以及特定条件下的力学性能，例如高温强度、低温冲击韧度、疲劳极限、断裂力学性能等。

可以通过金属力学性能试验来测定金属力学性能指标。常见的金属力学性能试验包括拉伸试验、弯曲试验、剪切试验、冲击试验、硬度试验、蠕变试验、应力松弛试验、疲劳试验、断裂韧度试验、磨损试验等。

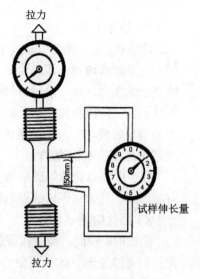

图1-6 拉伸试验示意图

（1）强度

金属的强度是指金属抵抗永久变形和断裂的能力。

金属拉伸试验是检验金属材料力学性能普遍采用的极为重要试验方法之一，可测定金属材料的强度与塑性指标。此种方法就是将具有一定尺寸和形状的金属光滑试样夹持在拉力实验机上，在温度、应力状态和加载速率确定的条件下，对试样逐渐施加拉伸载荷，直至把试样拉断为止。如图1-6所示为拉伸试验示意图。

碳钢拉伸试验后，可获得如1-7所示应力-应变图。

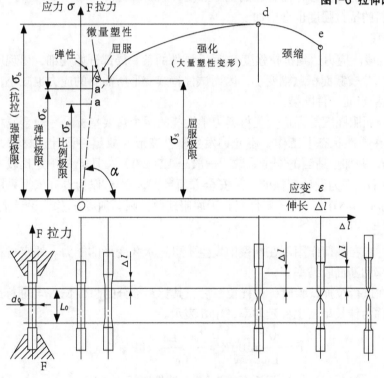

图1-7 应力-应变图

分析应力-应变曲线，可将拉伸分为4个阶段：

1）弹性阶段

曲线的oa'段。当施加载荷不超过a'点时，材料发生弹性变形，卸载后试件的变形可完全消失，称此时的应力 σ_e 弹性极限。其中曲线的oa段为直线，此段应力与应变成正比，即材料满足虎克定律，a点对应的应力 σ_p 称为比例极限。

5

2）屈服阶段

曲线在s点以后有一段微小颤动的水平线；此段又称为流动阶段。在此阶段，曲线试样应变急剧地增加，而应力却在很小范围内（图中锯齿状线）波动，材料已经失去抵抗继续变形的能力。这一阶段材料的主要变形是塑性变形。如果略去这种荷载读数的微小波动不计，这一阶段在拉伸图上可用水平线段来表示。若试样经过抛光，则在试样表面将看到大约与轴线成45°方向的条纹，称为滑移线。称s点为屈服点，对应的应力σ_s为屈服极限或屈服点σ_s，单位为MPa。

除退火或热轧的低碳钢和中碳钢等有屈服现象外，多数工程材料的屈服点不明显或没有屈服点，此时以规定的原始标距产生0.2%的伸长的应力作为屈服强度，用$\sigma_{s0.2}$表示。

3）强化阶段

曲线的s—d段。经过屈服阶段的变形后，材料恢复抵抗变形的能力，应力值增加才能使材料继续变形，这种现象称为加工强化。曲线最高点d点对应的拉力F_b是拉伸中所能承受的最大载荷，对应的应力称为材料的抗拉强度，用σ_b表示，单位为MPa。一般随着含碳量的增加，材料的抗拉强度也会增加。

4）颈缩阶段

曲线的d—e段。应力达到抗拉强度σ_b后，试件的某一局部开始变细，出现所谓颈缩现象。由于颈缩部分横截面积急剧变小，因而试件持续变形所需要的应力也减小，强度开始明显下降，到达e点时试件断裂。

抗拉强度与屈服强度是评价金属材料力学性能的两个重要指标。一般金属材料追求稳定性，一般都在弹性状态下工作，不允许发生塑性变形。故零件设计选材时，一般应以σ_s为主要依据，并加上适当的安全系数（一般$n_s=1.5\sim2.0$）。但σ_b的测定比较方便精确，因此也有直接用σ_b作为设计依据的，从安全方面考虑，用σ_b作为设计依据采用较大的安全系数（一般$n_b=2.0\sim5.0$）。由于脆性材料无屈服现象，则必须以σ_b作为设计依据。

（2）塑性

塑性是指材料在载荷作用下在断裂前发生不可逆永久变形的能力。评定材料塑性的指标通常用伸长率和断面收缩率。

金属材料在进行拉抻试验时，试样拉断后，其标距部分的总伸长Δl与原标距长度L_0之比的百分比，称为伸长率，也称延伸率，用δ表示。

$$\delta = \frac{\Delta l}{L_0} \times 100\% = \frac{L_1 - L_0}{L_0} \times 100\% \tag{1-1}$$

式中：L_1——拉断后试件标距长度，L_0——试件原标距长度。

按试样长度的不同，有长试样（$L_0=10d$）与短试样（$L_0=5d$）之分。其对应的断后伸长率分别以δ_{10}和δ_5表示。同一材料，δ_5较大而δ_{10}较小，故只有用相同符号的延伸率才能相互比较。

金属试样在拉断后，其颈缩处横截面面积的最大缩减量与原横截面面积的百分比，称为断面收缩率，用ϕ表示。塑性材料的断面收缩率较大，脆性材料的断面收缩率较小。

$$\phi = \frac{\Delta A}{A_0} \times 100\% \tag{1-2}$$

式中：△A—— 缩颈处横截面面积的最大缩减量，A_0——原来的横截面面积。

对必须承受强烈变形的材料，塑性指标具有重要意义。塑性优良的材料冷压成型的性能好。此外，重要的受力元件要求具有一定塑性，因为塑性指标较高的材料制成的元件不容易发生脆性破坏，在破坏前元件将出现较大的塑性变形，与脆性材料相比有较大的安全性。塑性良好的低碳钢和低合金钢的 $δ_5$ 值都在25%以上。国内锅炉压力容器材料的伸长率，一般至少要求达10%以上。

伸长率和断面收缩率还表明材料在静载和缓慢拉伸状态下的韧性。在很多情况下，收缩率高的材料可承受较大的冲击吸收功。

对材料塑性的要求有一定限度，但并不意味着越大越好。单纯追求塑性，会限制材料强度使用水平的提高，造成产品粗大笨重，浪费材料和使用寿命不长。

（3）硬度

硬度是材料抵抗局部塑性变形或表面损伤的能力。硬度与强度有一定关系。一般情况下，硬度较高的材料其强度也较高，所以可以通过测试硬度来估算材料强度。此外，硬度较高的材料耐磨性较好。

工程上常用的硬度试验方法有：布氏硬度HB、洛氏硬度HR、维氏硬度HV、里氏硬度HL。

（4）韧性

韧性是指金属在断裂前吸收变形能量的能力，可用来表征金属材料抵抗冲击载荷的能力。韧性可以通过冲击试验测出的冲击韧度来表征。试样在冲击试验力一次作用下折断时所吸收的功称为冲击吸收功。冲击试样缺口底部单位横截面面积上的冲击吸收功称为冲击韧度。冲击韧度是评定金属材料在动载荷下承受冲击抗力的机械性能指标，用 $α_k$ 表示，单位为J/cm^2。

1.2 金属材料热处理基本知识

1.2.1 钢热处理的一般过程

热处理是将固态金属及合金按预定的要求进行加热、保温和冷却，以改变其内部组织，从而获得所要求性能的一种工艺过程。由于钢是制造承压设备使用最广泛的金属材料。因此，本节只介绍钢的热处理。

在实际生产过程中，热处理过程是比较复杂的，可能由多次加热和冷却过程组成，但其基本工艺是由加热、保温和冷却3个阶段构成，温度和时间是热处理的主要因素。任何热处理过程都可以用温度-时间曲线来说明，如图1-8所示即为热处理基本工艺曲线图。

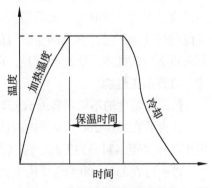

图1-8 热处理基本工艺曲线图

1.2.2 特种设备常用的热处理种类、工艺及其应用

（1）特种设备常用的热处理

根据钢在加热和冷却时的组织与性能变化规律。热处理工艺分为退火、正火、淬火、回火及化学热处理等，本节主要介绍与承压类特种设备有关的热处理工艺。

1）退火

退火是一种金属热处理工艺，指的是将金属缓慢加热到一定温度，保持足够时间，然后以适宜速度冷却。

退火目的：降低硬度，改善切削加工性；消除残余应力，稳定尺寸，减少变形与裂纹倾向；细化晶粒，调整组织，消除组织缺陷。

2）正火

正火处理的主要目的为改善母材及焊缝的综合机械性能，提高韧性和塑性，细化晶粒，消除冷作硬化，便于加工。采用电渣焊的承压设备往往通过正火处理改善焊缝组织，细化晶粒，同时为超声检测提供条件。

正火即是把所要处理的工件，摆放在加热设备里，根据不同的材料及性能要求选择相应的加热温度，保温时间按工件的有效厚度每mm保温1.5~2.5min计算。保温结束后，出炉空冷、风冷或者雾冷。

承压设备常用钢材，如Q345R、Q370R等材料都需正火处理，而18MnMoN$_b$R、13MnNiMoN$_b$R、15CrMo、12Cr1MoV等材料正火后还需补充回火，以改善钢材的组织性能。

3）淬火

淬火是将钢加热到相变临界温度以上30~50℃，经过适当保温后快冷，使奥氏体转变为马氏体的过程。材料通过淬火获得马氏体组织，可以提高其硬度和强度，这对于轴承、模具之类的工件是有益的。但马氏体硬而脆，韧性很差，内应力很大，容易产生裂纹。承压类特种设备材料和焊缝的组织中一般不希望出现马氏体。

4）回火

回火是将经过淬火的钢加热到下相变临界温度（珠光体向奥氏体转变温度）以下的适当温度，保持一定时间，然后用符合要求的方法冷却（通常是空冷），以获得所需组织和性能的热处理工艺。回火的主要目的是降低材料的应力，提高韧性。通过调整回火温度，可获得不同的硬度、强度和韧性，以满足所要求的力学性能。此外，回火还可稳定零件尺寸，改善加工性能。

按回火温度的不同可将回火分为低温、中温、高温回火3种。

淬火后在150~200℃范围内的回火称为低温回火，回火后的组织为回火马氏体。主要用于各种高碳钢制成的工具、滚珠轴承等。

淬火后在350~500℃范围内的回火称为中温回火。回火后的组织为回火屈氏体。主要用于模具、弹簧等。

淬火后在500~650℃范围内的回火称为高温回火。回火后的组织为回火索氏体。其

性能特点是：具有一定的强度，同时又有较高的塑性和冲击韧性，即有良好的综合机械性能。

淬火加高温回火的热处理又称为调质处理，许多机械零件如齿轮、曲轴等均需经过调质处理。承压类特种设备用的低合金高强度钢板，也采用调质处理。与正火相比，在相同硬度下，调质处理后钢的强度、塑性和韧性较正火有明显提高。

调质处理也存在一些缺点，由于淬火时冷却较剧烈，易造成工件变形甚至开裂，同时对热处理设备要求也较高。

5）奥氏体不锈钢的固溶处理和稳定化处理

把铬镍奥氏体不锈钢加热到1050~1100℃（在此温度下，碳在奥氏体中固溶），保温一定时间（大约每25mm厚度不小于1h），然后快速冷却至421℃以下（要求从925~538℃冷却时间小于3min），以获得均匀的奥氏体组织，这种方法称为固溶处理。固溶处理的铬镍奥氏体不锈钢，其强度和硬度较低而韧性较好，具有很高的耐腐蚀性和良好的高温性能。

对于含有钛或铌的铬镍奥氏体不锈钢，为了防止晶间腐蚀，必须使钢中的碳全部固定在碳化钛或碳化铌中。以此为目的的热处理称为稳定化处理。稳定化处理的工艺条件是：将工件加热到850~950℃，保温足够长的时间，快速冷却。

1.2.3　消除应力退火的处理目的和方法

消除应力处理主要目的是消除焊接、冷变形加工、铸造、锻造等加工方法所产生的应力。焊后热处理是其中最重要的一种，除了消除应力外，还能使焊缝的氢较完全地扩散，提高焊缝的抗裂性和韧性。此外，对改善焊缝及热影响区的组织、稳定结构形状也有作用。

消除应力处理的加热温度根据材料不同而不同，一般是将工件加热到金相组织发生变化的临界温度以下100~200℃。碳钢和低合金钢大致500~650℃，保温然后缓慢冷却。消除应力处理加热方法多种多样，可分整体焊后热处理和局部焊后热处理两大类。前者效果好于后者。整体焊后热处理又可分炉内整体热处理和内部加热整体热处理。后者是利用容器本身作为炉子或烟道，在其内部加热来完成热处理过程，通常用于大型容器的现场热处理，称为现场整体消除应力退火处理。局部焊后热处理常用的方法，有炉内分段热处理和圆周带状加热热处理。

1.3　特种设备常用材料

特种设备安全性要求较高，对制作特种设备，尤其是承压类特种设备的材料有一定的要求。这些要求包括：

（1）为保证安全性和经济性，所用材料应有足够的强度，即较高的屈服极限和强度极限；

（2）为保证在承受外加载荷时不发生脆性破坏，所用材料应有良好的韧性。根据使用状态的不同，材料的韧性指标包括常温冲击韧性、低温冲击韧性以及时效冲击韧性等；

（3）所用材料应有良好的加工工艺性能，包括冷、热加工成型性能和焊接性能；

（4）所用材料应有良好的金相组织和表面质量，分层、疏松、非金属夹杂物、气孔等缺陷应尽可能少，不允许有裂纹和白点；

（5）用以制造高温受压元件的材料应具有良好的高温特性，包括足够的蠕变强度、持久强度和持久塑性，良好的高温组织稳定性和高温抗氧化性；

（6）与腐蚀介质接触的材料应具有优良的抗腐蚀性能。

低碳钢、低合金钢、奥氏体不锈钢是制作承压类特种设备常用的金属材料。根据需要，也有采用其他材料制作承压类特种设备的，例如铸钢、铸铁、铜、铝及铝合金、铁及铁合金、镍及镍合金、铁素体不锈钢、铁素体—奥氏体双相不锈钢等。此外，承压类特种设备锻件和螺栓也有采用中碳钢的。下节主要介绍钢的分类，牌号以及低碳钢，低合金钢，奥氏体不锈钢的有关特性。

1.3.1 低碳钢、低合金钢定义

（1）钢的分类和命名

钢的分类方法有"按化学成分分类"和"按主要质量等级和主要性能及使用特性分类"两种。

1）碳钢的分类和命名

碳钢属于非合金钢范畴。碳钢以铁与碳为两个基本组成元素，此外还存在少量的其他元素，例如锰、硅、硫、磷、氧、氮、氢等。这些元素不是为了改善钢的性能而特意加入的，而是由于冶炼过程无法去除，或是由于冶炼工艺需要而加入的。这些元素在碳钢中被称为杂质元素。

①按含碳量分类：

低碳钢，C≤0.25%的碳钢为低碳钢；

中碳钢，0.25%<C≤0.6%的碳钢为中碳钢；

高碳钢，C>0.6%的碳钢为高碳钢。

②按钢的质量（即S、P含量）分类：

普通碳素钢，S≤0.050%，P≤0.045%；

优质碳素钢，S≤0.040%，P≤0.040%；

高级优质碳素钢，S≤0.030%，P≤0.035%。

③按冶炼时脱氧程度分类：

沸腾钢（F），浇注前未作脱氧处理，钢水注入锭模后，钢中的氧与碳反应，产生大量CO气泡而引起钢液沸腾，故称沸腾钢。沸腾钢成材率高，材料塑性好，但组织不致密，化学成分偏析大，力学性能不均。

镇静钢（Z），浇注前作充分脱氧处理，浇注时无CO气泡产生，锭模内钢液平静，故称镇静钢。镇静钢材质均匀致密，强度较高，化学成分偏析小，但成材率低，成本高。

半镇静钢（b），钢液脱氧程度不够充分，浇注时产生轻微沸腾，钢的组织、性能、成材率介于沸腾钢和镇静钢之间。

④按钢的用途分类：

碳素结构钢，主要用于制作各种工程结构件和机器零件，一般为低碳钢。

碳素工具钢，主要用于制作各种刀具、量具、模具等，一般为高碳钢。

另外，按冶炼方法分类：可分为平炉钢、转炉钢和电炉钢。按炉衬里材料又可分酸性和碱性两类。

牌号表示方法：

钢的牌号由代表屈服强度的字母、屈服强度数值、质量等级符号、脱氧方法符号等4个部分按顺序组成。例如：Q235AF。

符号说明：

Q——钢材屈服强度"屈"字汉语拼音首位字母；

A、B、C、D——分别为质量等级；

F——沸腾钢"沸"字汉语拼音首位字母；

Z——镇静钢"镇"字汉语拼音首位字母；

TZ——特殊镇静钢"特镇"两字汉语拼音首位字母。

在牌号组成表示方法中，"Z"与"TZ"符号可以省略。

2）合金钢的分类和命名

在钢中特意加入了除铁、碳以外的其他合金元素（如：锰、铬、镍、钼、铜、铝、硅、钨、钒、铌、锆、钴、钛、硼、氮等）以改善钢的性能，这一类钢称为合金钢。

①合金钢分类

按合金元素加入量分类：

低合金钢，合金元素总量≤5%；

中合金钢，5%＜合金元素总量≤10%；

高合金钢，合金元素总量＞10%。

按用途分类：

合金结构钢，可分为专用于制造各种工程结构和机器零件的钢种；

合金工具钢，专用于制造各种工具的钢种。

特殊性能合金钢，具有特殊物理、化学性能的钢，如：耐酸、耐热和电工钢等。

按钢的组织分类：可分为珠光体钢、奥氏体钢、铁素体钢、马氏体钢等。

按所含主要合金元素分类：可分为铬钢、铬镍钢、锰钢、硅钢等。

②合金钢牌号表示方法

我国合金钢牌号按含碳量，合金元素种类和含量，质量级别和用途来编排。牌号首部用数字表明含碳量，为区别用途，低合金钢、合金结构钢用2位数表示平均含碳量的百分比；高合金钢、不锈耐酸钢、耐热钢用1位数表示平均含碳量的千分比，当平均含碳量小于0.1%时用"0"表示，含碳量小于0.03%时用"00"表示。牌号的第二部分用元素符号表明钢中主要合金元素，含量由其后数字标明。当平均含量少于1.5%时不标数字；平均含量为1.5%~2.49%时，标数字2；平均含量为2.5%~3.49%时，标数字3……高级优质合金钢在牌号尾部加A，专门用途的低合金钢、合金结构钢在牌号尾部加代表用途的符号。例如，16MnR，表明该合金钢平均含碳量0.16%，平均含锰量小于1.5%，是压力容器专用钢；0Cr18Ni9Ti，表明该合金钢属高合金钢，含碳量小于0.1%，含铬量为17.49%–18.5%，含镍量为8.5%~9.49%，含钛量小于1.5%。

1.3.2 低碳钢中碳和杂质元素对钢性能的影响

碳含量≤0.25%的碳素钢统称为低碳钢，承压类特种设备使用的低碳钢一般以热轧或正火状态供货，正常的金相组织为铁素体＋珠光体。

碳是碳素钢中的主要合金元素，碳含量增加会增加钢的强度，降低塑性和韧性，使焊接性能变差，淬硬倾向变大。除碳以外碳素钢中还有少量的锰、硅、硫、磷、氮、氧、氢等杂质。这些杂质也影响钢的性能：

（1）锰（Mn）

锰一般在冶炼中作为脱氧去硫剂加入，当锰含量＜0.8%时，对钢的性能影响并不大；当锰含量＞0.8%时，属改变性能有意加入，锰在钢中有增加强度、细化组织、提高韧性的作用。

（2）硅（Si）

硅是在冶炼中作为脱氧剂加入的，少量硅对钢材性能影响不显著，即Si含量＜0.4%时，对钢的性能影响并不大；当Si含量＞0.4%时，硅在钢中有增加强度、硬度、弹性的作用，但会使钢的塑性、韧性降低。

（3）硫、磷

硫、磷都是由矿石、生铁或燃料中带入钢中的有害杂质，硫会由于低熔共晶体熔化而导致钢材出现沿晶界开裂的"热脆"现象；少量磷会溶于铁素体中，由于磷原子直径远远大于铁原子，从而使铁素体晶格畸变严重致使钢塑性、韧性大大降低，特别是在低温时韧性降低会有更加严重的"冷脆"现象。

（4）氮、氧、氢

氮在钢中会形成气泡和疏松，含氮高的低碳钢特别不耐腐蚀，还会使低碳钢出现时效现象，即钢的强度、硬度和塑性，特别是冲击韧性在一定的时间内自发改变的现象。氧存在会使钢的强度、塑性降低，热脆现象加重，疲劳强度下降。含氢高会使钢有氢脆、产生白点等缺陷。

1.3.3 奥氏体不锈钢种类、特点、腐蚀破坏形式
（1）不锈钢的分类

以铬为主加元素的马氏体不锈钢（1Cr13、2Cr13等）和以铬、镍为主加元素的奥氏体

不锈钢（0Cr18Ni9、00Cr18Ni10等），其中奥氏体不锈钢在压力容器中应用较为广泛。

（2）奥氏体不锈钢特点

奥氏体不锈钢的力学性能与铁素体类相比较，其屈服强度低，但屈服后的加工硬化性高，塑性、韧性好，不会发生低温脆性，可以用作低温钢，奥氏体不锈钢也有较好的高温性能，可以作为耐热钢。奥氏体不锈钢在冷加工时，亚稳的奥氏体在塑性变形过程中会形成马氏体，所以奥氏体不锈钢只能采用冷加工方法进行强化处理。

（3）奥氏体不锈钢的腐蚀性

就奥氏体不锈钢的耐蚀性而言，由于使用条件的变化，存在着晶界腐蚀、点蚀。

奥氏体不锈钢晶间腐蚀的原因，一般认为是由于晶间贫铬所致。奥氏体不锈钢具有很高的耐蚀性，是由于钢中含有高铬成分。但如果不锈钢在450~850℃的温度范围内长时间停留，钢中的碳会向奥氏体晶界扩散，并在晶界处与铬化合析出碳化铬（$Cr_{23}C_6$）。于是，在碳化物两侧出现含铬低于11.4%、厚度约为数10至数100nm的贫铬区。这种贫铬使晶间不能抵抗某些介质的浸蚀。所以，这对腐蚀介质就十分敏感。由于焊接时焊缝和热影响区在升降温过程中难以避开450~850℃的温度区间，所以焊接接头金属的晶间容易贫铬而发生晶间腐蚀。除焊接外，其他热加工或使用过程，如温度处于敏感温度区间，也有可能导致奥氏体不锈钢晶间贫铬。

在奥氏体不锈钢焊接接头中，晶间腐蚀可以发生在热影响区，也可以发生在焊缝表面或熔合线上。晶间腐蚀是奥氏体不锈钢较常见的破坏形式。晶间腐蚀沿晶界进行，使晶界产生连续性的破坏。这种腐蚀开始于金属表面，逐步深入其内部，直接引起破裂。产生晶间腐蚀的不锈钢，从外表看不出与正常钢材有什么不同，但是被腐蚀的晶间几乎完全丧失了强度，在应力作用下会迅速产生沿晶间的断裂。最严重的可以完全失去金属性能，轻敲即可碎成粉末。解决晶间腐蚀的措施除选用低碳、超低碳和加钛或铌的奥氏体钢种外，还可通过热处理方法，例如固溶处理和稳定化处理来提高钢的抗晶间腐蚀性能。

点腐蚀是一种局部腐蚀。当介质中含有Cl-，Br-时，会使不锈钢产生点蚀。提高不锈钢抗点蚀能力的方法是增加钢中Cr、Mo、Ni等元素的含量。

第2章 焊接基本知识

焊接在特种设备制造中占有重要地位，焊接质量对承压类特种设备的质量和安全可靠性有直接影响。

通过加热或加压，或者并用，并且用或不用填充材料，使两种分离的金属物体（同种金属或异种金属）产生原子（分子）间结合而连接成一体的连接方法，称之焊接。

为保证焊接取得良好的效果，人们常在被焊结构上制作出不同形式的焊接坡口。所谓焊接坡口形式是指被焊两金属件相连处预先被加工成的结构形式，一般由焊接工艺本身来决定。坡口形式的选择主要应考虑以下因素：（1）保证焊透；（2）填充于焊缝部位的金属尽量少；（3）便于施焊，改善劳动条件；（4）减小焊接变形量，对较厚元件焊接应尽量选用沿壁厚对称的坡口形式。

2.1 特种设备常用焊接方法

按焊接工艺特点可分为熔焊、压焊和钎焊3类，其中熔焊是特种设备常用的焊接方法。

2.1.1 熔焊

使被连接的构件接头处局部加热熔化成液态，然后再冷却结晶成为一体的方法称为熔焊。如特种设备焊接中常采用的手工电弧焊、埋弧自动焊、氩弧焊、二氧化碳保护焊、等离子弧焊、电渣焊等。

手工电弧焊是利用焊条与焊件之间的电弧热，将焊条及部分焊件熔化而形成焊缝的焊接方法。

自动焊和埋弧自动焊：焊接过程中，主要焊接操作如引燃、熄灭电弧、送进焊条（焊丝）、移动焊条（焊丝）或工件等都由机械自动完成，叫自动电弧焊；自动电弧焊中，电弧被埋在焊剂层下面燃烧并实施焊接的，叫埋弧自动焊。

氩弧焊是以惰性气体氩气作为保护气体的一种电弧焊接方法。.

二氧化碳气体保护焊是以二氧化碳气体作为保护气体的电弧焊接方法，它是以焊丝作为电极，靠焊丝与工件之间产生的电弧热熔化焊丝和工件，形成焊接接头。

2.1.2 压焊与钎焊

压焊：利用摩擦、扩散和加压等物理作用，克服两个连接件表面的不平度，除去（挤掉）氧化膜及其它污染物，使两个构件连接表面上的原子相互接近到晶格距离（即原子引力作用范围内），从而在固态条件下实现的连接统称固相焊接。

钎焊：采用熔点比母材低的金属材料作钎料，将构件和钎料加热至高于钎料熔点，但低于构件熔点的温度，利用毛细作用使液态钎料润湿构件接触表面直至填充两构件接头间隙，并与构件相互扩散连接的方法称为钎焊。

2.2　焊接接头

2.2.1　常见焊接接头形式、分类及特点

（1）焊接接头形式

焊接结构上的接头，按照被连接结构之间的相对位置及组成的几何形状，可以归纳为如图2-1所示的这4种形式：

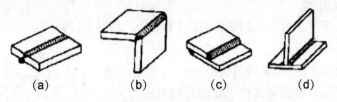

(a)　　　　　(b)　　　　　(c)　　　　　(d)

（a）对接接头 （b）角接接头 （c）搭接接头 （d）T形接头

图2-1　焊接接头的基本形式

（2）焊接接头的分类及特点

1）对接接头

将两金属件放置于同一平面内（或曲面内）使其边缘相对，沿边缘直线（或曲线）进行焊接的接头叫对接接头。

对接接头是最常见、最合理的接头形式。圆筒形锅炉压力容器筒身的纵缝、环缝，封头钢板的拼接焊缝，凸形封头与筒身的连接焊缝，接管及管子的对接焊缝等，都是对应属图2-1（a）对接接头。

对接接头处结构基本上是连续的，承载后应力分布比较均匀，在焊接接头设计中，应尽量采用对接接头。但对接接头也有一定程度的应力集中，这主要是接头处截面改变造成的，即焊缝两面的余高或低陷在基本金属与焊缝过渡处造成应力集中。因此在承压类特种设备制造中，不允许焊缝表面低陷，对焊缝余高也有限制，一般应小于3mm。当焊缝根部未焊透或焊缝中存在缺陷时，对接接头中的应力集中将会增大。

2）搭接接头

两块板料相叠，而在端部或侧面角焊的接头称搭接接头。搭接接头不需要开坡口即可施焊，对装配要求也相对松些，图2-1（c）的搭接接头的焊缝属于角焊缝，在接头处结构明显不连续，承载后接头部位受力情况比较复杂，有附加的剪力及弯矩，应力集中比对接接头严重，因而较少采用。承压类特种设备一般不允许采用搭接结构，仅在特殊情况下偶尔采用。

3）角接接头及T形接头

两构件成直角或一定角度，而在其连接边缘焊接的接头称角接接头。两构件成T字形焊接在一起的接头，叫T形接头。角接接头和T形接头都形成角焊缝，形式相近，常用于承压类特种设备接管、垫片、夹套、管板、管子、凸缘等的焊接。

角接接头及T形接头，在接头处的构件结构是不连续的，承载后应力分布比较复杂，应力集中比较严重。因而在管板、平封头与筒身连接时，常在管板、平封头边缘加工出板边圆弧，把角接接头转化为对接接头。

单面焊的角接接头及T形接头承受反向弯矩的能力极低，应当避免采用。一般承压类特种设备用角接接头及T形接头都应开坡口双面施焊，或者开坡口单面施焊保证焊透。

根据板厚及工件重要性，角接接头及T形接头有V形、单边V形、U形、K形等坡口形式。

2.2.2 焊接接头组成

焊接接头包括焊缝、熔合区和热影响区3个部分。如图2-2所示。

（1）焊缝

焊缝是构件经焊接后形成的结合部分。通常是由熔化的母材和焊材组成，有时全部由熔化的母材组成。

（2）熔合区

熔合区是焊接接头中焊缝焊材金属与母材金属过渡结合的区域，又称不完全熔化区域。它是刚好加热到金属熔点和凝固温度区间的部分。

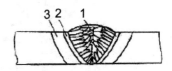

1-焊缝金属　2-熔合区　3-热影响区

图2-2 焊接接头组成示意图

（3）热影响区

焊接热影响区是在焊接过程中，母材因受热的影响（但未熔化）而发生的金相组织和机械性能变化的区域。热影响区的宽度与焊接方法和焊接工艺有关。

2.2.3 焊接接头的性能

焊接接头中，焊缝金属是母材或者焊材从高温液态冷却至常温固态的。这期间经历了两次结晶过程，即从液相转变为固相的一次结晶过程和在固相状态下发生组织转变的二次结晶过程。由于冶金技术的进步，焊缝金属的化学成分较合理，另外二次结晶的晶粒较细，所以焊缝部位的金属具有较好的力学性能。加上焊缝余高使焊缝部位的受力截面增大。实际上，焊接接头的薄弱部位不在焊缝，而在熔合区和热影响区。

必须指出，焊缝余高并不能增加整个焊接接头的强度，因为余高仅仅使焊缝截面增大而未使熔合区和热影响区截面增大。相反，余高的存在恰好在熔合区和热影响区粗晶区部位造成结构的不连续，从而导致应力集中，使焊接接头的疲劳强度下降。

有关熔合区和热影响区的组织和性能的介绍如下：

焊接过程中，热影响区沿宽度方向各点被加热，但所达到的温度不同，因而焊后组织、性能也不相同。热影响区某点被加热达到的最高温度、在最高温度下停留的时间及随后的冷却速度，都将决定该点的组织情况。

从热处理特性看，用于焊接的结构钢可分为两类：一类是在一般焊接条件下淬火倾向较小的，如低碳钢和含合金元素很少的低合金钢，称为"不易淬火钢"；另一类是含碳量较高或含合金元素较多，在一般焊接条件下淬火倾向较大，称为"易淬火钢"。这两类钢材的焊接热影响区组织也不相同。

2.2.4　焊接应力与变形的不利影响

在焊接过程中，工件受电弧热的不均匀加热而产生的应力及变形是暂时的。当工件冷却后，仍然保留在工件内部的应力及变形叫残余应力及残余变形。我们所说的焊接应力及变形就指的是焊接的残余应力和残余变形。

焊接应力与变形往往使焊接产品质量下降，甚至会因无法补救而不得不报废。

焊接裂纹的产生与焊接应力有密切的关系。焊缝中的残余应力还会影响承压类特种设备的使用性能，残余应力较大的部位往往会发生应力腐蚀或疲劳裂纹。

一般情况下，焊接变形是对焊接质量是不利的，但是若掌握了变形的机理和规律，便能加以控制并利用。例如，利用反变形来校正变形。

2.3　特种设备常用钢材的焊接

2.3.1　钢材的焊接性

不同的钢材在采用一定的焊接方法、焊接材料、焊接参数及焊接结构形式的条件下，获得优质焊接接头的难易程度并不相同，我们称这种特性为钢材的焊接性。钢材的焊接性包括两个方面：

（1）工艺焊接性，主要指焊接接头出现各种裂纹的可能性，也称抗裂性；

（2）使用焊接性，主要指焊接接头在使用中的可靠性，包括焊接接头的力学性能（强度、塑性、韧性、硬度以及抗裂纹扩展的能力等）和其他特殊性能（如耐热、耐腐蚀、耐低温、抗疲劳、抗时效等）。

可以利用碳当量（Ceq，一般碳当量越高，钢材的焊接性越差）和焊接性试验得分方法来确定钢材的焊接性，以作为制定合理的焊接工艺规范的依据。

2.3.2　焊前预热与后热的作用

为提高焊接接头质量，除了合理选择焊接材料外，主要就是控制焊接工艺，包括控制焊接之前的预热、焊接中的线能量和焊后的热处理等工艺。

（1）预热

预热是指焊前对焊件整体或者局部进行适当加热的工艺。预热工艺的主要目的是减小焊接接头焊后的冷却速度、避免产生淬硬的组织和减小焊接应力与变形，是防止焊接裂纹产生的有效办法。

焊接冷却速度影响焊接接头的淬硬倾向（脆硬倾向）。承压类特种设备常用的低合金高强钢，其脆硬化倾向的形成温度区间范围大致在500~800℃，通过预热可以显著降低该温度范围的焊接冷却速度，从而增加焊缝金属二次结晶的平衡性，减少导致淬硬倾向的物质的生成（淬硬组织）。预热对焊接热影响区晶粒粗化的影响较小，同时预热还有利于焊缝中氢的逸出，因此是一种较好的降低高强钢焊接冷裂倾向的措施。

预热温度一般选择在50~250℃之间。预热温度与施焊时的环境温度、钢种的强度级别、坡口的形式、焊接材料类型或焊缝金属的含氢量等有关。钢材焊接所需的预热温度通常通过焊接性试验确定，或采用经验公式计算确定。

焊前预热的有利作用可归纳为如下几点：

①可改变焊接过程的热循环，降低焊接接头各区的冷却速度，遏制或减少淬硬组织的形成；

②减小焊接区的温度梯度，降低焊接接头的内应力，并使其分布均匀；

③扩大焊接区的温度场，使焊接接头在较宽的区域内处于塑性状态，减弱了焊接应力的不利影响；

④改变焊接区应变集中部件，降低残余应力峰值；

⑤延长焊接区在100℃以上温度的停留时间，有利于氢从焊缝金属中逸出。

（2）后热

焊接后立即对焊件的全部(或局部)进行加热或保温，使其缓冷的工艺措施称后热，有时称紧急后热。后热的主要目的是使扩散氢从焊缝中逸出，从而防止产生氢致裂纹。紧急后热温度一般在300~600℃。

对冷裂倾向较大的低合金高强度钢和大厚度的焊接结构焊接时，为了使其扩散氢从焊缝金属中逸出，降低焊缝和热影响区中的氢含量，防止出冷裂，焊后立即将焊件加热到250~350℃温度范围，保温2~6h后空冷，即进行所谓消氢处理。

焊后及时后热处理一般可产生3种有利作用：

①减轻残余应力；

②改善组织，降低淬硬性；

③减少扩散氢。

对于要求高温预热的钢种，有时因产品结构条件(如形状复杂，在结构内部施焊等)的限制，高温预热无法实施。此时，可考虑采用后热并配合低温预热。

为防止产生延迟裂纹，后热温度有一个下限，低于下限温度时，后热就不能防止延迟裂纹的产生。后热下限温度与碳当量有关。碳当量越大，后热下限温度越高。

如果从排除扩散氢的角度考虑，对于奥氏体焊缝进行后热是没有必要的。

另外，较低的后热温度对于消除残余应力并无明显效果，对强度级别较高的高强钢尤其如此。但低温后热对于改善组织或多或少有一定好处。如果为了更好地消除残余应力和改善组织，必须进行焊后消除应力热处理。

（3）焊后热处理

焊后为了改善焊接接头的组织和性能或消除残余应力而进行的热处理，称焊后热处理。对于易产生脆性破坏和延迟裂纹的重要结构，尺寸稳定性要求很高的结构，有应力腐蚀的结构等都应考虑焊后进行消除应力的热处理。

2.3.3　低碳钢的焊接性

低碳钢含碳量低，除冶炼时为脱氧加入的硅、锰外，不含其他合金元素，所以工艺焊接性好，又有一定的强度和韧性，可以满足中低压容器的使用要求。

低碳钢有较好的塑性，没有淬硬倾向，对焊接加热或冷却不敏感，焊缝及热影响区不易产生裂纹；一般焊前不需要预热，但对大厚度构件或在低温环境下焊接，应适当预热；平炉镇静钢杂质少，偏析小，不易产生低熔共晶，产生裂纹几率小（沸腾钢杂质多，产生裂纹几率大）。

低碳钢焊接中，如果工艺不合理时，可能会出现热影响区粗晶现象，且随着温度提高和停留时间的延长，晶粒粗大现象更严重，钢的冲击韧性、断面收缩率下降越多。

低碳钢焊接可采用交、直流电源，适用于各种位置的焊接，且工艺简单。

2.3.4　低合金钢的焊接

低合金钢具有较高的强度，较好的塑性与韧性，工艺性能也较好，特别是强度比低碳钢高得多，因而在承压类特种设备制造中得到广泛的应用。

低合金钢的焊接接头热影响区有淬硬倾向，易出现脆性的马氏体组织，硬度明显提高，塑性和韧性降低。淬硬倾向程度取决于构件材质和结构，焊接方法及规范参数，构件预热温度和环境温度。

低合金钢焊接易产生焊接冷裂纹。冷裂纹具有延迟性特点，是一种焊接接头焊后冷却到300℃至室温范围所产生的裂纹。随着构件材质强度等级的提高，其产生冷裂纹的倾向也增大。通常是出现在热影响区、焊缝根部和焊趾处。3个主要因素决定了冷裂纹发生机率：一是热影响区的氢含量；二是热影响区的淬硬程度；三是接头刚度和焊接应力的大小。

低合金钢含碳量低，且大部分含有一定量的锰，所以抗热裂纹性能较好，一般很少出现热裂纹问题。热裂纹主要发生在电渣焊的焊缝金属中。

2.3.5　奥氏体不锈钢的焊接

（1）奥氏体不锈钢的焊接性

奥氏体不锈钢的焊接性较好，一般不需要采取特殊的工艺措施，但在焊接工艺选择不合理时，会出现晶间腐蚀及热裂纹等缺陷。

所谓晶间腐蚀，是指不锈钢在450~850℃的范围内停留（焊接必然过程），钢中的碳会向奥氏体晶界扩散，并在晶界处与碳铬化合析出碳化铬，使晶间附近成为"贫铬区"而产生晶间腐蚀。大多出现在接头热影响区及熔合区的表面。

奥氏体不锈钢和焊接出现热裂纹，主要是由于奥氏体不锈钢焊缝中枝晶方向性很强，枝晶间有低熔点杂质的偏析，加之奥氏体不锈钢导热系数小（仅为低碳钢的1/2），而膨胀系数比低碳钢大50%左右，使焊缝区产生较大的温差和收缩内应力，所以焊缝中易产生热裂纹。

（2）奥氏体不锈钢焊接中常采取的措施

1）防止晶间腐蚀的措施

在奥氏体不锈钢焊接时，为了防止和减少晶间腐蚀，常采用以下措施：

①在焊缝形成双相组织，将铁素体形成元素铬、硅、钼、铝加入焊缝中，使焊缝形成奥氏体加铁素体的双相组织，则焊缝抗晶间腐蚀的能力就有很大提高。但通常将焊缝中铁素体的含量控制在5%~10%左右，避免铁素体过多时焊缝会变脆；

②严格控制含碳量，采用含碳量为0.02%~0.03%的超低碳焊接材料和基本金属，即使长期在450~850℃温度下加热也不会形成贫铬区、发生晶间腐蚀；

③添加稳定剂，在钢材和焊接材料中加入能够形成更稳定的碳化物（与碳化铬相比)的元素，如钛、铌等。对提高抗晶间腐蚀能力有十分良好的作用；

④进行焊后热处理，焊后可将焊接接头加热到1050~1100℃进行固溶处理，也可将焊接接头加热到850~900℃进行稳定化退火。此时奥氏体晶粒内的铬扩散到晶间，使晶间含铬量上升，贫铬区消失，因而可防止晶间腐蚀；

⑤采用正确的焊接工艺，如采用小电流、大焊速、短弧、多层焊、强制冷却等。

2）防止热裂纹措施

防止热裂纹可以采用下列措施：

①在焊缝中加入形成铁素体的元素，使焊缝形成奥氏体加铁素体双相组织；

②减少母材和焊缝的含碳量。碳是增大热裂倾向的重要元素，所以降低母材和焊缝的含碳量可以有效地防止热裂纹，在必要时，可以采用超低碳奥氏休不锈钢材和焊接材料；

③严格控制焊接规范。减小熔合比，采用碱性焊条，强迫冷却等，是奥氏体不锈钢焊接中预防热裂纹主要工艺措施。

第 3 章　无损检测基本知识

3.1　无损检测概论

3.1.1　无损检测的定义与技术发展阶段

无损检测，是指在不损坏检测对象的前提下，以物理或化学方法为手段，借助相应的设备器材，按照规定的技术要求，对检测对象的内部及表面的结构、性质或状态进行检查和测试，并对结果进行分析和评价。

常规无损检测方法（CG）：射线检测（RT）、超声检测（UT）、渗透检测（PT）、磁粉检测（MT）。

其他无损检测方法：涡流检测（ECT）、TOFD检测、声发射检测（AE）、漏磁检测（MFL）和相控阵检测等。

无损检测技术发展的三个阶段：

第一阶段为无损检测（NDI）：探测和发现缺陷，主要用于产品的最终检验，在不破坏产品的前提下，发现零件中的缺陷。满足对零部件强度设计的需要。

第二阶段为无损检测（NDT）：探测和发现试件的缺陷、结构、性质、状态，无损检测工作不但要进行产品的最终检验，还要测量过程工艺参数。

第三阶段为无损评价（NDE）：不但要进行产品的最终检验及过程工艺参数的测量，而且在材料中存在不致命缺陷时，还要：（1）从整体上评价材料中缺陷的分散程度；（2）在NDE的信息与材料的结构性能之间建立联系；（3）对决定材料性质、动态响应和服役性能指标的实测值（如断裂韧性、高温持久强度）等因素进行分析和评价。

目前所说的无损检测大多指NDT，但近几年已逐步从NDI、NDT向NDE过渡，即用无损评价来代替无损检测和无损检查。

快速化、标准化、数字化、程序化、规范化是无损检测技术的发展趋势。

3.1.2　无损检测的目的和应用特点

（1）无损检测的特点

无损检测技术不会对构件造成任何损伤。

无损检测技术为找缺陷提供了一种有效方法。

无损检测能够对产品质量实现监控。

无损检测技术能够防止因产品失效引起的灾难性后果。

无损检测具有广泛的应用范围。

（2）无损检测的目的

1）保证产品质量

应用无损检测技术，可以探测到肉眼无法看见的试件内部的缺陷；在对试件表面质量进行检验时，通过无损检测的方法可以探测出许多肉眼很难看见的细小缺陷。

应用无损检测的另一个优点是可以百分之百检验。众所周知，采用破坏性检测，在检测完成的同时，试件也被破坏了，因此破坏性检测只能用于抽样检验。与破坏性检测不同，无损检测不需要损坏试件就能完成检测过程，因此无损检测能够对产品进行百分之百或逐件检验，许多重要的材料、结构或产品，都必须保证万无一失，只有采用无损检测手段，才能为质量提供有效保证。

2）保障使用安全

即使是设计和制造质量都符合规范要求的产品，在经过一段时间的使用后，也有可能发生破坏事故。这是由于苛刻的运行条件使设备状态发生变化，例如由于高温和应力的作用导致材料蠕变；由于温度、压力的波动产生交变应力，使设备的应力集中产生疲劳；由于腐蚀作用使壁厚减薄或材料劣化等等。上述因素有可能使设备、构件、零部件中原来存在的、制造允许的小缺陷扩展开裂，使设备、构件、零部件原来没有缺陷的地方产生这样或那样的新缺陷，最终导致设备、构件、零部件失效。为了保障使用安全，对重要的设备、构件、零部件，必须定期进行检验，及时发现缺陷，避免事故发生，因而无损检测就是这些重要设备、构件、零部件定期检验的主要内容和发现缺陷的最有效手段。

3）改进制造工艺

在产品生产中，为了了解制造工艺是否适宜，必须先进行工艺试验。在工艺试验中，经常对试样进行无损检测，并根据无损检测结果改造工艺，最终确定理想的制造工艺。例如，为了确定焊接工艺规范，在焊接试验时对焊接试样进行射线照相，在随后根据检验结果修正焊接参数，最终得到能够达到质量要求的焊接工艺。又如，在进行铸造工艺设计时，通过射线照相探测试件的缺陷发生情况，并据此改进冒口的位置，最终确定合适的铸造工艺。

4）降低生产成本

在产品制造过程中进行无损检测，往往被认为要增加检验费用，从而使制造成本增加。可是如果在制造过程中的适当环节正确地进行无损检测，就能防止以后工序浪费，减少返工，降低废品率，从而降低成本。例如，对铸件进行机械加工，有时不允许在机械加工后表面出现的夹渣、气孔、裂纹等缺陷，选择在机加工前对要进行加工的部位进行无损检测，对发现缺陷的产品就不再加工，从而降低废品率，节省机械加工成本。

（3）无损检测的应用特点

1）无损检测要与破坏性检测配合

无损检测最大的特点就是在不损伤材料、工件和结构的前提下进行检测，所以实施无损检测后，产品的检查率可以达到100%。但是，并不是所有需要测试的项目和指标都能进行无损检测，无损检测技术自身还有局限性。某些试验只能采用破坏性检测，因此，目前无损检测还不能完全代替破坏性检测，也就是说，对一个工件、材料、机械设备的评价，必须把无损检测的结果与破坏性检测的结果互相对比和配合，才能做出准确的评定。

2）正确选用实施无损检测的时机

根据无损检测的目的来正确选择无损检测的时机是非常重要的。例如，锻件的超声波探伤，一般安排在锻造完成且进行粗加工后，打孔、铣槽、精磨等最终加工前，因为此时扫查面较平整，耦合较好，有可能干扰探伤的孔、槽、台还未加工，发现质量问题处理也较容易，损失也较小；又例如，要检查高强钢焊缝有无延迟裂纹，无损检测实施时机放在热处理之后进行。只有正确地选用实施无损检测时机，才能顺利地完成检测，正确评价产品质量。

3）选用最适当的无损检测方法

无损检测在应用中，由于检测方法本身有局限性，不能适用于所有工件和所有缺陷，为提高检测结果的可靠性，必须在检测前，根据被检物的材质、结构、形状、尺寸，预计可能产生什么种类、形状的缺陷，在什么部位、什么方向产生；根据以上情况分析，然后根据无损检测方法的各自的特点选择最合适的检测方法。例如，钢板的分层缺陷因其延伸方向与板平行，就不适合用射线检测而应选择超声波检测。检查工件表面细小的裂纹不应选择射线和超声波检测，而应选择磁粉和渗透检测。

4）综合应用各种无损检测方法

在无损检测应用中，必须认识到任何一种无损检测方法都不是万能的，每种无损检测方法既有它的优点，也有它的缺点。因此，在无损检测的应用中，如果可能，不要只采用一种无损检测方法，而应尽可能多地同时采用几种方法，以便保证各种检测方法互相取长补短，从而取得更多的信息。另外，还应利用无损检测以外的其他的检验所得的信息，利用有关材料、焊接、加工工艺的知识和产品结构的知识，综合起来进行判断，例如，超声波对裂纹缺陷探测灵敏度高，但定性不准是其不足之处，而射线的优点之一是对缺陷定性比较准确，两者配合使用，就能够保证检测结果既可靠又准确。

3.2　焊接缺陷种类及产生原因

3.2.1　外观缺陷

外观缺陷（表面缺陷）是指不借助于仪器，用肉眼就可以发现的工件表面缺陷。常见的外观缺陷有咬边、焊瘤、凹陷及焊接变形等，有时还有表面气孔和表面裂纹，单面焊的根部未焊透也位于焊缝表面。

（1）咬边

咬边是指沿着焊趾，在母材部分形成的凹陷或沟槽，它是由于电弧将焊缝边缘的母材熔化后没有得到熔敷金属的充分补充所留下的缺口。产生咬边的主要原因是电弧热量太高，即电流太大，运条速度太小所造成的。焊条与工件间角度不正确，摆动不合理，电弧过长，焊接次序不合理等都会造成咬边。直流焊时电弧的磁偏吹也是产生咬边的一个原因。某些焊接位置（立、横、仰）会加剧咬边。

咬边减小了母材的有效截面积，降低结构的承载能力，同时还会造成应力集中，发展为裂纹源。

矫正操作姿势，选用合理的规范，采用良好的运条方式都会有利于消除咬边。焊角焊缝时，用交流焊代替直流焊也能有效地防止咬边。

（2）焊瘤

焊缝中的液态金属流到加热不足未熔化的母材上，或从焊缝根部溢出，冷却后形成的未与母材熔合的金属瘤即为焊瘤。焊接规范过强、焊条熔化过快、焊条质量欠佳（如偏芯）、焊接电源特性不稳定及操作姿势不当等都容易带来焊瘤。在横、立、仰位置更易形成焊瘤。

焊瘤常伴有未熔合、夹渣缺陷，易导致裂纹。同时，焊瘤改变了焊缝的实际尺寸，会带来应力集中。管子内部的焊瘤减小了它的内径，可能造成流动物堵塞。

防止焊瘤的措施：使焊缝处于平焊位置，正确选用规范，选用无偏芯焊条，合理操作。

（3）凹坑

凹坑指焊缝表面或背面局部的低于母材的部分。

凹坑多是由于收弧时焊条（焊丝）未作短时间停留造成的（此时的凹坑称为弧坑），仰立、横焊时，常在焊缝背面根部产生内凹。

凹坑减小了焊缝的有效截面积，弧坑常带有弧坑裂纹和弧坑缩孔。

防止凹坑的措施：选用有电流衰减系统的焊机，尽量选用平焊位置，选用合适的焊接规范，收弧时让焊条在熔池内短时间停留或环形摆动，填满弧坑。

（4）未焊满

未焊满是指焊缝表面上连续的或断续的沟槽。填充金属不足是产生未焊满的根本原因。规范太弱，焊条过细，运条不当等会导致未焊满。

未焊满同样削弱了焊缝，容易产生应力集中，同时，由于规范太弱使冷却速度增大，容易带来气孔、裂纹等缺陷。

防止未焊满的措施：加大焊接电流，加焊盖面焊缝。

（5）烧穿

烧穿是指焊接过程中，熔深超过工件厚度，熔化金属自焊缝背面流出，形成穿孔性缺陷。

焊接电流过大，速度太慢，电弧在焊缝处停留过久，都会产生烧穿缺陷。工件间隙太大，钝边太小也容易出现烧穿现象。

烧穿是锅炉压力容器产品上不允许存在的缺陷，它完全破坏了焊缝，使接头丧失其连接及承载能力。

防止烧穿的措施：选用较小电流并配合合适的焊接速度，减小工件间隙，在焊缝背面加设垫板或药垫，使用脉冲焊。

（6）其他表面缺陷

成形不良：指焊缝的外观几何尺寸不符合要求。具体有焊缝超高，表面不光滑，以及焊缝过宽，焊缝向母材过渡不圆滑等。

错边：指两个工件在厚度方向上错开一定位置，它既可视作焊缝表面缺陷，又可视作装配成形缺陷。

塌陷：单面焊时由于输入热量过大，熔化金属过多而使液态金属向焊缝背面塌落，成形后焊缝背面突起，正面下塌。

表面气孔：焊接过程中，熔池中的气体未完全溢出熔池（一部分溢出），而熔池已经凝固，在焊缝表面形成孔洞。

弧坑缩孔（裂纹）：焊接收弧时，由于焊件吸收了大量焊接热能量，焊缝金属的温度不断升高，高温液态的金属由于快速冷却、收缩，便产生了缩孔。

焊接变形：如角变形、扭曲、波浪变形等都属于焊接缺陷。角变形也属于装配成形缺陷。

3.2.2　气孔

气孔是焊接时，熔池中的气体在凝固时未能逸出而残留下来，在焊缝中所形成的空穴。

气孔有不同的分类方法：从形态分有球状、针孔、柱孔、条虫状；从数量上可分为单个气孔和群状气孔，群状气孔依据分布状态有均匀分布状、密集群状和链状之分；按气孔内成分分为氮气孔、氢气孔、二氧化碳和一氧化碳气孔。

常温固态金属中气体的溶解度只有高温液态金属中气体溶解度的几十分之一或几百分之一，因此在熔池金属在凝固过程中，有大量的气体要从金属中逸出来，当金属凝固速度大于气体逸出速度，就会形成气孔。

气孔产生的原因主要是工艺与冶金因素。工艺因素，主要是焊接规范、电源电流种类、电弧长短和操作技巧，如焊接线能量过小，熔池冷却速度大，不利于气体逸出；冶金因素，这是由于母材及填充金属表面的锈、油污、焊条、焊剂中的水分等在高温下分解为各种成分的气体进入熔池中所致。

气孔会减小焊缝承载的有效截面积，使焊缝疏松，从而降低了接头的强度，降低塑性，还会引起泄漏。气孔也是引起应力集中的因素，氢气孔还会引起氢脆产生冷裂纹。

防止气孔主要可采取以下措施：

（1）清除构件及填充金属（焊丝及焊条）表面锈斑、油污和水分；

（2）采用碱性焊条、焊剂，并彻底烘干；

（3）焊前预热，减缓冷却速度；

（4）用偏强的规范施焊。

3.2.3　夹渣

焊后残留在焊缝中的熔渣称为夹渣。夹渣按渣的成份可分为金属夹渣（如钨夹渣、铜夹渣）和非金属夹渣（如药皮焊剂形成的熔渣、非金属夹杂偏析引起的夹渣等）；按形状可分为点块状和条状；按分布可分为单个点或条状、密集点块状和链状。

夹渣是由于焊接时焊缝熔池中熔化金属的凝固速度大于熔渣的流动速度，当熔化金凝固时，熔渣未能及时浮出熔池而形成。

夹渣产生的原因主要有：坡口尺寸不合理并有污物，多道多层焊时，焊道之间、焊层之间清渣不干净，焊接线能量过小、焊接速度过快，药皮焊剂有高熔点成分且脱渣性不好，钨极有低熔点杂质或是电流密度过大致使钨极熔化滴落于熔池中，手工焊焊条摆动不良等。

夹渣的危害性与渣的形态有关，点状与气孔相似，带有尖角的夹渣会产生应力集中，其尖端还会发展为裂纹源，其危害远比气孔严重。

3.2.4 裂纹

在焊接应力及其它致脆因素共同作用下，焊接接头中局部地区的金属原子结合力遭到破坏而形成新的界面所产生的缝隙被称为裂纹。

（1）裂纹的分类

裂纹有多种分类方法：

按尺寸大小可分为宏观裂纹（肉眼可见）、微观裂纹（显微镜下可见）、超显微裂纹（高步数显显微镜下才能发现的晶间或晶内裂纹）；

根据裂纹的延伸方向，可分为：纵向裂纹（与焊缝平行）、横向裂纹（与焊缝垂直）、辐射状裂纹等；

根据裂纹发生的部位，可分为：热影响区裂纹、熔合区裂纹、焊趾裂纹、焊道下裂纹、弧坑裂纹；

按产生的条件和时机不同可分为热裂纹、冷裂纹、再热裂纹、层状撕裂和应力腐蚀裂纹。

（2）裂纹形成的原因

裂纹的形成主要是冶金和力学两个方面的原因。冶金因素是指由于焊缝产生不同程度的物理与化学状态的不均匀，如低熔共晶组成元素S、P、Si等偏析、富集导致的热裂纹。此外，在热影响区金属中，快速加热和冷却使金属中的空位浓度增加，同时由于材料的淬硬倾向降低了材料的抗裂性能，在一定的力学因素下，这些都是生成裂纹的冶金因素。力学因素是指由于快热快冷产生了不均匀的组织区域，由于热应变不均匀而导致不同区域产生不同的应力联系，造成焊接接头金属处于复杂的应力应变状态。内在的热应力、组织应力、外加的约束应力以及应力集中相叠加构成了导致接头金属开裂的力学条件。

（3）危害性

裂纹特别是冷裂纹是焊缝中危害性最大的缺陷，大部分焊接构件的破坏是由此产生的。其他所有焊接缺陷如未焊透、未熔合、夹渣等都是通过转化成裂纹而致使构件破坏的。

（4）典型裂纹特征分析

①热裂纹（结晶裂纹）

形成机理：焊缝金属在凝固过程中（即在固相线附近的高温区内），结晶偏析使杂质生成的低熔点共晶物富集于晶界，形成"液态薄膜"，在特定的敏感温度区（又称脆性温度区），其强度极小，在焊缝金属凝固收缩而受到的拉应力作用下，最终开裂形成裂纹。

如纵向裂纹、枝晶状横向裂纹和弧坑裂纹。

影响因素：一是碳元素及有害杂质S、P的含量，随其增加而产生几率增大；二是随着冷却速度加快而增大；三是随着外加约束应力增大而增大。

防止措施：减小S、P等有害元素的含量，用含碳量较低的、并加入一定的合金元素（Mo、V、Ti、Nb等以减小柱状晶体偏析）的焊材焊接；采用合理的焊接工艺和焊接规范，如采用较小的线能量（熔深较小的），并改善散热条件，确保低熔点物质全部浮出焊缝金属；采用预热后热处理，减小冷却速度，以减小焊接应力。

②再热裂纹

再热裂纹的特征：再热裂纹是在焊后的热处理时再次加热（其加热温度：碳钢与合金钢是550～650℃，奥氏体不锈钢约是300℃）的过程中产生的，主要发生在热影响区的过热粗晶区，在焊接残余应力作用下沿晶界开裂，沉淀强化的钢种最易产生再热裂纹。

产生机理：再热裂纹产生机理有多种解释，其中楔形开裂理论是近缝区（热影响区的过热粗晶区）金属在高温热循环（热交变应力）作用下，强化相碳化物（如碳化钛、碳化钒、碳化铌、碳化铬等）沉积在晶内的位错区上，使晶内强化强度大大高于晶界强化强度，尤其是强化相弥散分布在晶粒内时，会阻碍晶粒内部调整，又会阻碍晶粒内部的整体变形，这样，由于应力松弛而带来的塑性变形就主要由晶界金属来承担，于是晶界区金属会产生滑移，且在三晶粒交界处产生应力集中而导致沿晶开裂。

防止措施：热处理工艺应尽量避开再热裂纹的敏感温度或缩短在此温度区停留时间，改善合金元素的强化作用和对再热裂纹的影响；采用适当的焊前预热和焊后的后热处理，控制冷却速度，以降低焊接残余应力和避免应力集中。

③冷裂纹

特征：产生于较低温度，且大多数在焊后一段时间之后出现在热影响区或焊缝上，并沿晶或穿晶、或是两者共存的开裂，又称延迟裂纹。

产生机理：这是因热影响区或焊缝局部存在淬硬组织（马氏体）减小了金属的塑性储备，或是接头内有一定的含氢量，且接头有较大焊接残余应力使接头处于较大的拉应力状态之下，淬硬组织会开裂，氢会发生氢致效应而产生裂纹。

防止措施：采用低氢碱性焊条，及时后热消氢处理，以减小含氢量；选择合理的焊接规范，提高预热温度，减慢冷却速度，防止出现淬硬组织；选择科学的焊接工艺，严格控制焊接程序，以减小焊接变形和焊接应力。

3.2.5　未焊透

未焊透指母材金属未熔化，焊缝金属没有进入接头根部的现象，如图3-1所示。

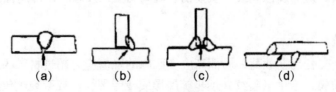

图3-1　未焊透

（1）产生未焊透的原因

①焊接电流小，熔深浅。

②坡口和间隙尺寸不合理，钝边太大。

③磁偏吹影响。

④焊条偏芯度太大。

⑤层间及焊根清理不良。

（2）未焊透的危害

未焊透的危害首先是减少了焊缝的有效截面积，使接头强度下降；其次，未焊透引起的应力集中严重降低焊缝的疲劳强度，所造成的危害比强度下降的危害大得多。未焊透可能成为裂纹源，是造成焊缝破坏的重要原因之一。

（3）未焊透的防止

使用较大电流来焊接是防止未焊透的基本方法。另外，焊角焊缝时，用交流代替直流以防止磁偏吹，合理设计坡口并加强清理，用短弧焊等措施也可有效防止未焊透的产生。

3.2.6 未熔合

未熔合是指焊缝金属与母材金属或焊缝金属之间未熔化结合在一起的缺陷。按其所在部位，未熔合可分为坡口未熔合、层间未熔合和根部未熔合3种。

产生未熔合缺陷的原因：

（1）焊接电流过小；

（2）焊接速度过快；

（3）焊条角度不对；

（4）产生了弧偏吹现象；

（5）焊接处于下坡焊位置，母材未熔化时已被铁水覆盖；

（6）母材表面有污物或氧化物影响熔敷金属与母材间的熔化结合等。

未熔合具有较大的危害性：未熔合是一种面积型缺陷。坡口未熔合和根部未熔合会使承载截面积明显减小，使应力集中变得比较严重，其危害性仅次于裂纹。

在焊接时，采用较大的焊接电流，正确地进行施焊操作，注意坡口部位的清洁等措施可以防止未熔合的产生。

3.3 设备及零部件在使用中常见缺陷及产生原因

设备及零部件在使用过程中，在其材质特性、使用环境与受力状况的综合作用下，一般会形成疲劳裂纹、应力腐蚀裂纹、氢损伤、晶间腐蚀以及各种局部腐蚀。

3.3.1 疲劳裂纹

结构材料承受交变反复载荷，局部高应变区内的峰值应力超过材料的屈服强度，晶粒之间发生滑移和位错，产生微裂纹并逐步扩展形成疲劳裂纹。疲劳裂纹包括交变工作载荷引起的疲劳裂纹，循环热应力引起的热疲劳裂纹，以及循环应力和腐蚀介质共同作用下产生的腐蚀疲劳裂纹。

3.3.2　应力腐蚀裂纹

特定腐蚀介质中的金属材料在拉应力作用下产生的裂纹称为应力腐蚀裂纹。

3.3.3　氢损伤

在临氢工况条件下运行的设备，氢进入金属后使材料性能下降，造成损伤，例如氢脆、氢腐蚀、氢鼓泡、氢致裂纹等。

3.3.4　晶间腐蚀

奥氏体不锈钢的晶间析出铬的碳化物导致晶间贫铬，在介质的作用下晶界发生腐蚀，产生连续性破坏。

3.3.5　各种局部腐蚀

包括点蚀、缝隙腐蚀、腐蚀疲劳、磨损腐蚀、选择性腐蚀等。

第二部分

超声检测专业知识

第1章 绪 论

1.1 超声检测的定义和作用

超声检测一般是指使超声波与工件相互作用，就反射、透射和散射的波进行研究，对工件进行宏观缺陷检测、几何特性测量、组织结构和力学性能变化的检测和表征，并进而对其特定应用性进行评价的技术。在特种设备行业中，超声检测通常指宏观缺陷检测和材料厚度测量。

超声检测是五大常规无损检测技术之一，是目前国内外应用最广泛、使用频率最高且发展较快的一种无损检测技术。超声检测是产品制造中实现质量控制、节约原材料、改进工艺、提高劳动生产率的重要手段，也是设备维护中不可或缺的手段之一。我国特种设备相关法规标准，《固定式压力容器安全技术监察规程》、《锅炉安全技术监察规程》等都对特种设备的制造、安装、修理、改造或定期检验等环节提出了超声检测的要求。

1.2 超声检测的发展简史和现状

利用声响来检测物体的好坏，这种方法早已被人们所采用。例如，用手拍西瓜，听是否熟了；敲瓷碗，看是否裂了等。声音反映物体内部某些性质，已是人们熟知的道理。

利用超声波来对固体内部进行无损检测，则始于20世纪40年代初期。1940年，美国首次介绍了基于脉冲发射法的超声检测仪，并在其后的几年内进行了试验和完善。1946年，英国研制出第一台A型脉冲反射式超声探伤仪。

随着工业生产对检测效率和检测可靠性要求的不断提高，人们要求超声检测更加快速，缺陷的显示更加直观，对缺陷的描述则更加准确。因此，原有的以A型显示手工操作为主的检测方式也不再能够满足要求。20世纪80年代以来，对于规则的板、棒、管类大批量生产的产品，逐渐发展了自动检测系统，配备了自动报警、记录等装置，发展了B或C型成像显示方式，随着电子技术和计算机技术的进步，超声检测设备不断向小型化、智能化方向改进，形成了适用不同用途的多种超声检测仪器，并于20世纪80年代末开始出现了数字式超声仪器，正逐渐取代模拟式仪器成为主流产品。近些年，超声检测新技术层出不穷，如超声三维成像、导波技术、电磁超声检测等，已经开始显示出其强大的生命力。

在我国，系统开始进行超声检测的应用和研究始于20世纪50年代初。近10多年来，我国的超声检测技术取得了巨大的进步和发展。超声检测在工业中已经确立了其重要地位，几乎渗透到所有工业部门，如作为基础工业的钢铁工业、机器制造业、特种设备行业、石油化工工业、铁路运输业、造船业、航空航天工业，高速发展中的新技术产业，如集成电路工业、核工业等重要工业部门。一支庞大的素质良好的专业队伍已建立起来，其技术水平普遍提高，接近并部分达到国际先进水平，而且应用频度和领域日益扩大。超声相关理论和方法及应用的基础研究正在逐步深入，并取得了许多具有国际先进水平的成果。已制定了一系列国家标准及行业标准，并引进许多国外标准。数字式超声仪器已经接近国际先进水平。常规超声无损检测标准化和规范化工作在稳步发展，非常规超声检测技术也迅速发展，管理工作也正在逐步完善。

随着超声检测对象的不断扩大，对其发展提出了许多挑战性的问题，如对缺陷精确定量、定位尤其是定性问题，复杂结构和特殊材料的检测问题，从无损检测的概念发展到无损评价的概念问题，从质量检测的概念发展到质量管理的概念问题等都是无损检测科学中带有普遍性的问题。这些问题的解决还需付出很大努力。我们相信，随着超声检测的广泛应用和对超声检测重视程度的不断提高，我国的超声检测将获得更加快速的发展和进步。

1.3 超声检测的基础知识

1.3.1 次声波、声波和超声波

次声波、声波和超声波都是在弹性介质中传播的机械波，同一波型在同一介质中传播速度相同。它们的区别主要在于频率不同。

人们日常所听到的各种声音，是由于各种声源的振动通过空气等弹性介质传播到耳膜引起的耳膜振动，牵动听觉神经，产生听觉，但并不是任何频率的声源振动都能引起听觉，只有频率在一定的范围内的振动才能引起听觉。人们把能引起听觉的声源波称为声波，频率在20 ~ 20 000 Hz之间。频率低于20 Hz的声波称为次声波，频率高于20 000 Hz的声波称为超声波。次声波和超声波，人是听不到的。

对于宏观缺陷检测的超声波，其常用频率为0.5 ~ 25 MHz，对钢等金属材料的检测，常用频率为0.5 ~ 10 MHz。超声波频率很高，由此决定了超声波具有一些重要特性，使其能广泛用于无损检测。

（1）超声波方向性好

超声波是频率很高、波长很短的声波，在超声检测中使用的波长为毫米数量级。超声波像光波一样具有良好的方向性，可以定向发射，犹如手电筒发出的一束光，可以在黑暗中找到所需物品一样在被检材料中发现缺陷。

（2）超声波能量高

超声检测频率远高于声波，而能量(声强)与频率平方成正比。因此超声波的能量远大于声波的能量。如1 MHz的超声波的能量相当于1 kHz的声波的100万倍。

（3）能在界面上产生反射、折射、衍射和波形转换

在超声检测中，特别是在脉冲反射法检测中，利用了超声波几何声学的一些特点，如在介质中直线传播，遇界面产生反射、折射等。

（4）超声波穿透能力强

超声波在大多数介质中传播时，传播能量损失小，传播距离大，穿透能力强，在一些金属材料中其穿透能力可达数米。这是其他检测手段无法比拟的。

超声波除用于无损检测外，还可以用于机械加工，如加工红宝石、金刚石、陶瓷、石英、玻璃等硬度特别高的材料，也可以用于焊接，如焊接钛、钍等难焊金属。此外，在化学工业上可利用超声波催化、清洗等，在农业上可利用超声波促进种子发芽，在医学上可利用超声波进行诊断、消毒等。

1.3.2　超声检测工作原理

超声检测主要是基于超声波在工件中的传播特性，如声波在通过材料时能量会损失，在遇到声阻抗不同的两种介质分界面时会发生反射等。其工作原理是：

（1）声源产生超声波，采用一定的方式使超声波进入工件；

（2）超声波在工件中传播并与工件材料以及其中的缺陷相互作用，使其传播方向或特征被改变；

（3）改变后的超声波通过检测设备被接收，并可对其进行处理和分析；

（4）根据接收的超声波的特征，评估工件本身及其内部是否存在缺陷及缺陷的特性。

以脉冲反射法为例：声源产生的脉冲波进入到工件中——超声波在工件中以一定方向和速度向前传播，遇到两侧声阻抗有差异的界面时部分声波被反射——检测设备接收和显示——分析声波幅度、位置等信息，评估缺陷是否存在或存在缺陷的大小、位置等。两侧声阻抗有差异的界面可能是材料中某种缺陷（不连续），如裂纹、气孔、夹渣等，也可能是工件的外表面。声波反射的程度取决于界面两侧声阻抗差异的大小、入射角以及界面的面积等。通过测量入射声波和接收声波之间声传播的时间，可以得知反射点距入射点的距离。

通常用来发现缺陷和对其进行评估的基本信息为：

（1）是否存在来自缺陷的超声波信号及其幅度；

（2）入射声波与接收声波之间的传播时间；

（3）超声波通过材料以后能量的衰减。

1.3.3　超声检测方法的分类

（1）按原理分类

①脉冲反射法：超声波探头发射脉冲波到工件内，根据反射波的情况来检测工件缺陷的方法。

②衍射时差法(TOFD)：采用一发一收双探头方式，利用缺陷部位的衍射波信号来检测和测定缺陷尺寸的一种超声检测方法。

③穿透法：采用一发一收双探头分别放置在工件相对的两端面，依据脉冲波或连续波穿透工件之后的能量变化来检测工件缺陷的方法。

④共振法：依据工件的共振特性来判断缺陷情况和工件厚度变化情况的方法称为共振法，此方法常用于工件测厚。

（2）按显示方式分类

根据接收信号的显示方式可分为A型显示和超声成像显示。

（3）按波型分类

根据检测采用的波型，可分为纵波法、横波法、表面波法、板波法、爬波法等。

（4）按探头数目分类

①单探头法使用一个探头兼作发射和接收超声波的检测方法。

②双探头法使用两个探头(一个发射，一个接收)进行检测的方法。

③多探头法使用两个以上的探头组合在一起进行检测的方法，通常与多通道仪器和自动扫查装置配合。

（5）按探头与工件的接触方式分类

①接触法探头与工件检测面之间，涂有很薄的耦合剂层，因此可以看作为两者直接接触，故称为直接接触法。

②液浸法将探头和工件浸于液体中，以液体作耦合剂进行检测的方法。耦合剂可以是水，也可以是油，当水为耦合剂时，称为水浸法。

③电磁耦合法采用电磁探头激发和接收超声波的检测方法，也称为电磁超声检测方法。使用这种方法时，探头与工件之间不接触。

（6）按人工干预的程度分类

①手工检测一般指由操作者手持探头进行的A型脉冲反射式超声检测。该方法方便实用，但检测可靠性受人为因素影响较大。

②自动检测使用自动化超声检测设备，在最少的人工干预下进行并完成检测的全部过程。一般指采用自动扫查装置，或在检测过程中可自动记录声束位置信息、自动采集和记录数据的检测方式。该方法所要求的检测设备较复杂，但检测可靠性受人为因素影响较小。

1.3.4 超声检测的优点和局限性

（1）优点

与其他无损检测方法相比，超声检测方法的优点有：

①适用于金属、非金属和复合材料等多种制件的无损检测；

②穿透能力强，可对较大厚度范围内的工件内部缺陷进行检测。如对金属材料，可检测厚度为1~2 mm的薄壁管材和板材，也可检测几米长的钢锻件；

③缺陷定位较准确；

④对面积型缺陷的检出率较高；

⑤灵敏度高，可检测工件内部尺寸很小的缺陷；

⑥检测成本低、速度快，设备轻便，对人体及环境无害，现场使用较方便等。

（2）局限性

①对工件中的缺陷进行精确的定性、定量仍需做深入研究。

②对具有复杂形状或不规则外形的工件进行超声检测有困难。

③缺陷的位置、取向和形状对检测结果有一定影响。

④工件材质、晶粒度等对检测有较大影响。

⑤常用的手工A型脉冲反射法检测时结果显示不直观，检测结果无直接见证记录。

1.3.5　超声检测的适用范围

超声检测的适用范围非常广，从检测对象的材料来说，可用于金属、非金属和复合材料；从检测对象的制造工艺来说，可用于锻件、铸件、焊接件、胶结件等；从检测对象的形状来说，可用于板材、棒材、管材等；从检测对象的尺寸来说，厚度可小至1mm，还可大至几米；从检测缺陷部位来说，既可以是表面缺陷，也可以是内部缺陷。

在特种设备行业中，超声检测为常用的无损检测手段，其典型应用如表1-1所示。

除此之外，超声检测还适用于起重机械、游乐设施等机电类特种设备的无损检测。

表1-1　超声检测典型应用

	典　型　应　用
原材料、零部件	钢板、钢锻件、铝及铝合金板材、钛及钛合金板材、复合板、无缝钢管、钢螺栓 坯件、奥氏体钢锻件
承压设备对接焊接接头	钢制对接接头（包括管座角焊缝、T形焊接接头，支撑件和结构件）堆焊层 铝及铝台金对接接头
在用承压设备	零部件、钢制对接接头、不锈钢堆焊层、铝及铝合金对接接头、管子和压力管道环向对接接头

第 2 章　超声检测的物理基础

超声波是一种机械波，是机械振动在介质中的传播。了解超声波本身的性质，及其在介质中的传播特点，对于正确应用超声检测技术、解决实际检测中的各种问题是十分必要的。超声检测中，主要涉及到几何声学和物理声学中的一些基本定律和概念。如几何声学中的反射、折射定律及波型转换，物理声学中波的叠加、干涉和衍射等。

2.1　机械振动与机械波

2.1.1　机械振动

物体（或质点）在某一平衡位置附近作来回往复的运动，称为机械振动。

日常生活中到处可以见到振动现象，凡有摇摆、晃动、打击、发声的地方都存在机械振动，如弹簧振子、摆轮、音叉、琴弦以及蒸汽机活塞的往复运动等等。振动是自然界最常见的一种运动形式。

振动产生的必要条件是：物体一离开平衡位置就会受到回复力的作用；阻力要足够小。物体（或质点）在受到一定力的作用下，将离开平衡位置，产生一个位移；该力消失后，在回复力作用下，它将向平衡位置运动，并且还要越过平衡位置移动到相反方向的最大位移位置，然后再向平衡位置运动。这样一个完整运动过程称为一个"循环"或叫一次"全振动"。每经过一定时间后，振动体总是回复到原来的状态（或位置）的振动称为周期性振动，不具有上述周期性规律的振动称为非周期性振动。

振动是往复运动，可用周期和频率表示振动的快慢，用振幅表示振动的强弱。

振幅A——振动物体离开平衡位置的最大距离，叫做振动的振幅，用A表示。

周期T——当物体作往复运动时完成一次全振动所需要的时间，称为振动周期，用T表示。常用单位为秒（s）。对于非周期性振动，往复运动已不再是周期性的，但周期这个物理量仍然可以反映这种运动的往复情况。

频率f——振动物体在单位时间内完成全振动的次数，称为振动频率，用f表示。常用单位为赫兹（Hz），1赫兹表示1秒钟内完成1次全振动，即1Hz=1次/秒。此外还有千赫（kHz），兆赫（MHz）。1kHz=10^3Hz，1MHz=10^6Hz。

由周期和频率的定义可知，两者互为倒数：

$$T = \frac{1}{f}$$

$$（2-1）$$

如某人说话的频率f=1000Hz,表示其声带振动为1000次/秒，声带振动周期T=1/f=1/1000=0.001秒。

2.1.2 机械波

（1）机械波的产生与传播

振动的传播过程，称为波动。波动分为机械波和电磁波两大类。机械波是机械振动在弹性介质中的传播过程。如水波、声波、超声波等。电磁波是交变电磁场在空间的传播过程。如无线电波、红外线、可见光、紫外线、X射线、γ射线等。

由于这里研究的超声波是机械波，因此下面只讨论机械波。

产生机械波必须具备以下两个条件：

①要有作机械振动的波源；

②要有能传播机械振动的弹性介质。

机械振动与机械波是互相关联的，振动是产生机械波的根源，机械波是振动状态的传播。波动中介质各质点并不随波前进，而是按照与波源相同的振动频率在各自的平衡位置上振动，并将能量传递给周围的质点。因此，机械波的传播不是物质的传播，而是振动状态和能量的传播。

（2）机械波的主要物理量

描述机械波的主要物理量有周期、频率、波长和波速。

①周期T和频率f：为波动经过的介质质点产生机械振动的周期和频率，机械波的周期和频率只与振源有关，与传播介质无关。波动频率也可定义为波动过程中，任一给定点在1秒钟内所通过的完整波的个数，与该点振动频率数值相同，单位为赫兹（Hz）。

②波长λ：波经历一个完整周期所传播的距离，称为波长，用λ表示。同一波线上相邻两振动相位相同的质点间的距离即为波长。波源或介质中任意一质点完成一次全振动，波正好前进一个波长的距离。波长的常用单位为米（m）或毫米（mm）。

③波速C：波动中，波在单位时间内所传播的距离称为波速，用C表示。常用单位为米/秒（m/s）或千米/秒（km/s）。

由波速、波长和频率的定义可得：

$$C = \lambda f \text{或} \lambda = C / f \tag{2-2}$$

由式2-2可知，波长与波速成正比，与频率成反比。当频率一定时，波速愈大，波长就愈长；当波速一定时，频率愈低，波长就愈长。

2.2 波的类型

波的分类方法很多，下面简单介绍几种常见的分类方法。

2.2.1 按波型分类

根据波动传播时介质质点的振动方向相对于波的传播方向的不同，可将波动分为多种波型，在超声检测中主要应用的波型有纵波、横波、表面波、板波和爬波等。

（1）纵波L

介质中质点的振动方向与波的传播方向互相平行的波，称为纵波，用L表示。如图2-1所示。

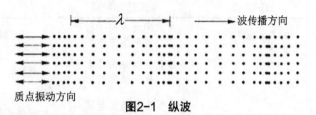

图2-1 纵波

纵波中介质质点受到交变拉压应力作用并产生伸缩形变，故纵波亦称为压缩波。而且，由于纵波中的质点疏密相间，故又称为疏密波。

凡能承受拉伸或压缩应力的介质都能传播纵波。固体介质能承受拉伸或压缩应力，因此固体介质可以传播纵波。液体和气体虽然不能承受拉伸应力，但能承受压应力产生容积变化，因此液体和气体介质也可以传播纵波。

（2）横波S（T）

介质中质点的振动方向与波的传播方向互相垂直的波，称为横波，用S或T表示。如图2-2所示。

横波中介质质点受到交变的剪切应力作用并产生切变形变，故横波又称为切变波。

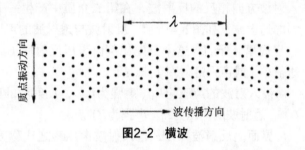

图2-2 横波

只有固体介质才能承受剪切应力，液体和气体介质不能承受剪切应力，故横波只能在固体介质中传播，不能在液体和气体介质中传播。

（3）表面波R

当介质表面受到交变应力作用时，产生沿介质表面传播的波，称为表面波，常用R表示，如图2-3所示。表面波是瑞利1887年首先提出来的，因此表面波又称瑞利波。

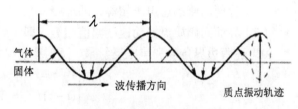

图2-3 表面波（瑞利波）

表面波在介质表面传播时，介质表面质点作椭圆运动，椭圆长轴垂直于波的传播方向，短轴平行于波的传播方向。椭圆运动可视为纵向振动与横向振动的合成，即纵波与横波的合成。因此表面波同横波一样只能在固体介质中传播，不能在液体或气体介质中传播。

表面波只能在固体表面传播。表面波的能量随传播深度增加而迅速减弱。当传播深度超过两倍波长时，质点的振幅就已经很小了。因此，一般认为，表面波检测只能发现距工件表面两倍波长深度内的缺陷。

超声检测中常用的波型归纳如表2-1所示。

表2-1 超声检测中常用的波型

波的类型	质点振动特点	传播介质	应 用
纵波	质点振动方向平行于波传播方向	固、液、气体	钢板、锻件检测等
横波	质点振动方向垂直于波传播方向	固体、特别黏的薄液层	焊缝、钢管检测等
表面波	质点作椭圆运动，椭圆长轴垂直波传播方向，短轴平行于波传播方向	固体表面，且固体的厚度远大于波长	钢管检测等

2.2.2 单一平界面的反射率与透射率

当超声波垂直入射到光滑平界面时，将在第一介质中产生一个与入射波方向相反的反射波，在第二介质中产生一个与入射波方向相同的透射波，如图2-4所示。反射波与透射波的声压（或声强）是按一定规律分配的。这个分配比例由声压反射率（或声强反射率）和透射率（或声强透射率）来表示。

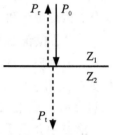

图2-4 垂直入射到单一平界面

设入射波的声压为P_0（声强为I_0），反射波的声压为P_r（声强为I_r），透射波的声压为P_t（声强为I_t）。

界面上反射波声压P_r与入射波声压P_0之比称为界面的声压反射率，用r表示，即$r=P_r/P_0$。

界面上透射波声压P_t与入射波声压P_0之比称为界面的声压透射率，用t表示，即$t=P_t/P_0$。

在界面两侧的声波，必须符合下列两个条件：

（1）界面两侧的总声压相等，即$P_0+P_r=P_t$；

（2）界面两侧质点振动速度幅值相等，即$(p_0-p_r)/Z_1=p_t/Z_2$。

由上述两边界条件和声压反射率。透射率定义得：

$$\begin{cases} 1+r=t \\ (1-r)/Z_1=t/Z_2 \end{cases} \qquad (2-3)$$

解上述联立方程得声压反射率r和透射率t分别为：

$$\begin{cases} r=\dfrac{P_r}{P_0}=\dfrac{Z_2-Z_1}{Z_2+Z_1} \\[3mm] t=\dfrac{P_t}{P_0}=\dfrac{2Z_2}{Z_2+Z_1} \end{cases} \qquad (2-4)$$

式中，Z_1——第一种介质的声阻抗；Z_2——第二种介质的声阻抗。

界面上反射波声强I_r与入射波声强I_0之比称为声强反射率，用R表示。

$$R=\frac{I_r}{I_0}=\frac{\dfrac{P_r^2}{2Z_1}}{\dfrac{P_0^2}{2Z_1}}=\frac{P_r^2}{P_0^2}=r^2=\left(\frac{Z_2-Z_1}{Z_2+Z_1}\right)^2 \qquad (2-5)$$

界面上透射波声强I_t与入射波声强I_0之比称为声强透射率，用T表示。

$$T = \frac{I_t}{I_0} = \frac{\dfrac{P_t^2}{2Z_2}}{\dfrac{P_0^2}{2Z_1}} = \frac{Z_1}{Z_2} \cdot \frac{P_t^2}{P_0^2} = \frac{4Z_1 Z_2}{(Z_2 + Z_1)^2} \tag{2-6}$$

以上各式说明超声波垂直入射到平界面上时，声压或声强的分配比例仅与界面两侧介质的声阻抗有关。

由以上几式可以导出：

$$T+R=1$$
$$t-r=1 \tag{2-7}$$

下面讨论几种常见界面上的声压、声强反射和透射情况。

（1）当 $Z_2 > Z_1$ 时，$r = \dfrac{P_r}{p_0} = \dfrac{Z_2 - Z_1}{Z_2 + Z_1} > 0$，反射波声压 P_r 与入射波声压 P_0 同相位。界面上反射波与入射波叠加类似驻波，合成声压振幅增大为 $P_0 + P_r$，例如超声波平面波垂直入射到水/钢界面，如图2-5所示。

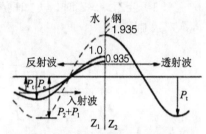

图2-5 平面波垂直到水/钢界面（$Z_2 > Z_1$）

$Z_1 = 0.15 \times 10^6 \mathrm{g/cm^2 \cdot s}$，$Z_2 = 4.5 \times 10^6 \mathrm{g/cm^2 \cdot s}$，则：

$$r = \frac{P_r}{P_0} = \frac{Z_2 - Z_1}{Z_2 + Z_1} = \frac{4.5 - 0.15}{4.5 + 0.15} = 0.935$$

$$t = \frac{P_t}{P_0} = \frac{2Z_2}{Z_2 + Z_1} = \frac{2 \times 4.5}{4.5 + 0.15} = 1.935$$

$$R = r^2 = 0.935^2 = 0.875$$

$$T = \frac{4Z_1 Z_2}{(Z_2 + Z_1)^2} = \frac{4 \times 0.15 \times 4.5}{(4.5 + 0.15)^2} = 0.125$$

以上计算表明，超声波垂直入射到水/钢界面时，其声压反射率 $r = 0.935$，声压透射率 $t = 1.935$。粗略地看，$t > 1$，似乎违反能量守恒，其实不然，因为声压是力的概念，而力只会平衡（$P_0 + P_r = P_t$）不会守恒，只有能量才会守恒。事实上，从声强方面看，这里 $R+T=0.875+0.125=1$，说明符合能量守恒。

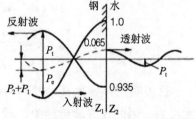

图2-6 平面波垂直入射钢/水界面（$Z_1 > Z_2$）

（2）当 $Z_1 > Z_2$ 时，$r = \dfrac{P_r}{p_0} = \dfrac{Z_2 - Z_1}{Z_2 + Z_1} < 0$，即反射波声压 P_r 与入射波声压 P_0 相位相反，反射波与入射波合成声压振幅减小。例如超声波平面波垂直入射到钢/水界面。如图2-6所示。

$Z_1 = 4.5 \times 10^6 \mathrm{g/cm^2 \cdot s}$，$Z_2 = 0.15 \times 10^6 \mathrm{g/cm^2 \cdot s}$，则：

$$r = \frac{Z_2 - Z_1}{Z_2 + Z_1} = \frac{0.15 - 4.5}{0.15 + 4.5} = -0.935$$

$$t = \frac{2Z_2}{Z_2 + Z_1} = \frac{2 \times 0.15}{0.15 + 4.5} = 0.065$$

$$R = r^2 = -0.935^2 = 0.875$$

$$T = 1 - R = 1 - 0.875 = 0.125$$

以上计算表明，超声波垂直入射到钢/水界面时，声压透射率很低，声压反射率很高。声强反射率与透射率与超声波垂直入射到水/钢界面相同。由此可见，超声波垂直入射到某界面时的声强反射率与透射率与从何种介质入射无关。

（3）当$Z_1 \gg Z_2$时，（如钢/空气界面），$Z_1 = 4.5 \times 10^6 \text{g/cm}^2 \cdot \text{s}$，$Z_2 = 0.000\,04 \times 10^6 \text{g/cm}^2 \cdot \text{s}$，则：

$$r = \frac{P_r}{P_0} = \frac{Z_2 - Z_1}{Z_2 + Z_1} = \frac{0.000\,04 - 4.5}{0.000\,04 + 4.5} \approx -1$$

$$t = \frac{P_t}{P_0} = \frac{2Z_2}{Z_1 + Z_2} = \frac{2 \times 0.000\,04}{0.000\,04 + 4.5} \approx 0$$

$$R = r^2 = -1^2 \approx 1$$

$$T = 1 - R = 1 - 1 = 0$$

计算表明，当入射波介质声阻抗远大于透射波时，声压反射率趋于-1，透射率趋于0，即声压几乎全反射，无透射，只是反射波声压与入射波声压有180°相位变化。

检测中，探头和工件间如不施加耦合剂，则形成固/气界面，超声波将无法进入工件。

（4）当$Z_1 \approx Z_2$时，即界面两侧介质的声阻抗近似相等时，$r = \frac{Z_2 - Z_1}{Z_2 + Z_1} \approx 0$；$t \approx 1$。如钢的淬火部分与非淬火部分及普通碳钢焊缝的母材与填充金属之间的声阻抗相差很小，一般为1%左右。设$Z_1 = 1$，$Z_2 = 0.99$，则：

$$r = \frac{P_r}{P_0} = \frac{Z_2 - Z_1}{Z_2 + Z_1} = \frac{0.99 - 1.00}{0.99 + 1.00} = -0.005$$

$$t = \frac{P_t}{P_0} = \frac{2Z_2}{Z_2 + Z_1} = \frac{2 \times 0.99}{0.99 + 1.00} \approx 0.995$$

$$R = r^2 = -0.005^2 = 2.5 \times 10^{-5} \approx 0$$

$$T = 1 - R = 1 - 0 = 1$$

这说明超声波垂直入射到两种声阻抗相差很小的介质组成的界面时，几乎全透射，无反射。因此在焊缝检测中，若母材与填充金属结合面没有任何缺陷，是不会产生界面回波的。

常用界面的纵波声压反射率如表2-2所示。

表2-2　常用物质界面的纵波声压反射率r（%）

种类	声阻抗 Z （×10⁶g/ cm²·s）	空气 24℃	酒精	变压器油	水 （20℃）	甘油	聚苯乙烯	环氧树脂	有机玻璃	铝	铜	钢
钢	4.53	100	95	94	94	90	88	87	86	45	4	0
铜	4.18	100	95	94	93	89	87	85	85	42	0	
铝	1.69	100	88	86	84	75	72	69	68	0		
有机玻璃	0.33	100	50	44	37	16	8	2	0			
环氧树脂	0.32	100	49	42	36	14	7	0				
聚苯乙烯	0.25	100	44	37	30	8	0					
甘油	0.24	100	37	30	23	0						
水（20℃）	0.15	100	15	7	0							
变压器油	0.13	100	8	0								
酒精	0.11	100	0									
空气（24℃）	0.000 04	0										

$$r = \frac{Z_2 - Z_1}{Z_2 + Z_1} \times 100\%$$

以上讨论的超声波纵波垂直到单一平界面上的声压、声强反射率和透射率公式同样适用于横波入射的情况，但必须注意的是在固体/液体或固体/气体界面上，横波全反射。因为横波不能在液体和气体中传播。

2.3　超声波倾斜入射到界面时的反射和折射

2.3.1　波型转换与反射、折射定律

如图2-7所示，当超声波倾斜入射到界面时，除产生同种类型的反射和折射波外，还会产生不同类型的反射和折射波，这种现象称为波型转换。

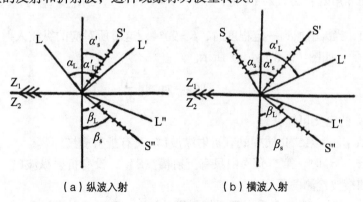

（a）纵波入射　　　　（b）横波入射

图2-7　倾斜入射

（1）纵波倾斜入射

当纵波L倾斜入射到界面时，除产生反射纵波L′和折射纵波L″外，还会产生反射横波S′和折射横波S″，如图2-7（a）中。各种反射波和折射波方向符合反射、折射定律：

$$\frac{\sin \alpha_L}{c_{L1}} = \frac{\sin \alpha'_L}{c_{L1}} = \frac{\sin \alpha'_S}{c_{S1}} = \frac{\sin \beta_L}{c_{L2}} = \frac{\sin \beta_S}{c_{S2}} \qquad (2\text{-}8)$$

式中，c_{L1}、c_{S1}——第一介质中的纵波、横波波速；c_{L2}、c_{S2}——第二介质中的纵波、横波波速；α_L、α'_L——纵波入射角、反射角；β_L、β_S——纵波、横波折射角；α'_S——横波反射角。

由于在同一介质中纵波波速不变，因此$\alpha'_L = \alpha_L$。又由于在同一介质中纵波波速大于横波波速，因此$\alpha'_L > \alpha'_S$，$\beta_L > \beta_S$。

①第一临界角α_I：由式2-8可以看出，$\dfrac{\sin \alpha_L}{c_{L1}} = \dfrac{\sin \beta_L}{c_{L2}}$，当$c_{L2} > c_{L1}$时，$\beta_L > \alpha_L$，随着$\alpha_L$增加，$\beta_L$也增加，当$\alpha_L$增加到一定程度时，$\beta_L = 90°$，这时所对应的纵波入射角称为第一临界角，用$\alpha_I$表示，如图（2-8）（a）所示。

$$\alpha_I = \arcsin \frac{c_{L1}}{c_{L2}} \qquad (2\text{-}9)$$

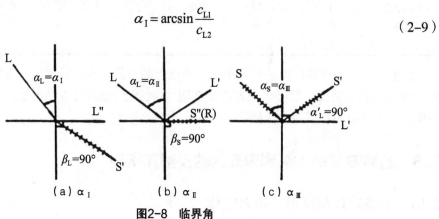

图2-8 临界角

②第二临界角α_{II}：由式2-8可得：$\dfrac{\sin \alpha_L}{c_{L1}} = \dfrac{\sin \beta_S}{c_{S2}}$，当$c_{S2} > c_{L1}$时，$\beta_S > \alpha_L$，随着$\alpha_L$增加，$\beta_S$也增加，当$\alpha_L$增加到一定程度时，$\beta_S = 90°$，这时所对应的纵波入射角称为第二临界角，用$\alpha_{II}$表示，如图（2-8）（b）所示。

$$\alpha_{II} = \arcsin \frac{c_{L1}}{c_{S2}} \qquad (2\text{-}10)$$

由α_I和α_{II}的定义可知：

①当$\alpha_L < \alpha_I$时，第二介质中既有折射纵波L″又有折射横波S″。

②当$\alpha_L = \alpha_I \sim \alpha_{II}$时，第二介质中只有折射横波S″，没有折射纵波L″，这就是常用横波探头制作和横波检测的原理。

③当$\alpha_L \geq \alpha_{II}$时，第二介质中既无折射纵波L″，又无折射横波S″。这时在其介质的表面存在表面波R，这就是常用表面波探头的制作原理。

例如，纵波倾斜入射到有机玻璃/钢界面时，有机玻璃中$c_{L1} = 2730 \text{m/s}$，钢中：$c_{L2} = 5900 \text{m/s}$，$c_{S2} = 3230 \text{m/s}$。则第一、二临界角分别为：

$$\alpha_{\mathrm{I}} = \arcsin\frac{c_{\mathrm{L1}}}{c_{\mathrm{L2}}} = \arcsin\frac{2730}{5900} = 27.6 \ (\degree)$$

$$\alpha_{\mathrm{II}} = \arcsin\frac{c_{\mathrm{L1}}}{c_{\mathrm{S2}}} = \arcsin\frac{2730}{3230} = 57.7 \ (\degree)$$

由此可见有机玻璃横波探头楔块角度α_{L}=27.6～57.7°，有机玻璃表面波探头楔块角度$\alpha_{\mathrm{L}} \geqslant 57.7°$。

（2）横波倾斜入射

不难看出，横波倾斜入射时，同样存在第一、二临界角，由于在实际检测中无多大实际意义，故这里不再讨论，这里只讨论第三临界角α_{III}。

由式2-8得，$\dfrac{\sin\alpha_{\mathrm{S}}}{c_{\mathrm{S1}}} = \dfrac{\sin\alpha'_{\mathrm{L}}}{c_{\mathrm{L1}}}$ ，$\because c_{\mathrm{L1}} > c_{\mathrm{S1}}$，$\therefore \alpha'_{\mathrm{L}} > \alpha_{\mathrm{S}}$，随$\alpha_{\mathrm{S}}$增加，$\alpha'_{\mathrm{L}}$也增加，当$\alpha_{\mathrm{S}}$增加到一定程度时，$\alpha'_{\mathrm{L}}$=90°，这时所对应的横波入射角称为第三临界角，用α_{III}表示，如图2-8（c）所示。

$$\alpha_{\mathrm{III}} = \arcsin\frac{c_{\mathrm{S1}}}{c_{\mathrm{L1}}} \tag{2-11}$$

当$\alpha_{\mathrm{S}} \geqslant \alpha_{\mathrm{III}}$时，在第一介质中只有反射横波，没有反射纵波，即横波全反射。

对于钢：c_{L1}=5900m/s，c_{S1}=3230m/s

$$\alpha_{\mathrm{III}} = \arcsin\frac{C_{\mathrm{S1}}}{C_{\mathrm{L1}}} = \arcsin\frac{3230}{5900} = 33.2 \ (\degree)。$$

当$\alpha_{\mathrm{S}} \geqslant 33.2°$时，钢中横波全反射。

2.3.2　声压反射率

超声波反射、折射定律只讨论了各种反射波、折射波的方向问题，未涉及声压反射率和透射率问题。由于倾斜入射时，声压反射率、透射率不仅与介质的声阻抗有关，而且与入射角有关，其理论计算公式十分复杂，因此这里只介绍由理论计算结果绘制的曲线图形。

（1）纵波倾斜入射到钢/空气界面的反射率

如图2-9所示，当纵波倾斜入射到钢/空气界面时，纵波声压反射率$r_{\mathrm{LL}}\left(r_{\mathrm{LL}} = \dfrac{p_{\mathrm{rL}}}{p_{\mathrm{oL}}}\right)$与横波声压反射率$r_{\mathrm{LS}}\left(r_{\mathrm{LS}} = \dfrac{p_{\mathrm{rS}}}{p_{\mathrm{oL}}}\right)$随入射角$\alpha_{\mathrm{L}}$而变化。当$\alpha_{\mathrm{L}}$=60° 左右时，$r_{\mathrm{LL}}$很低，$r_{\mathrm{LS}}$较高。原因是纵波倾斜入射，当$\alpha_{\mathrm{L}}$=60° 左右时产生一个较强的变型反射横波。

（2）横波倾斜入射到钢/空气界面的反射率

如图2-10所示，横波倾斜入射到钢/空气界面，横波声压反射率与纵波声压反射率随入射角α_{S}而变化。当α_{S}=30° 左右时，r_{SS}很低，r_{SL}较高。当$\alpha_{\mathrm{S}} \geqslant 33.2°$（$\alpha_{\mathrm{I}}$）时，$r_{\mathrm{SS}}$=100%即钢中横波全反射。

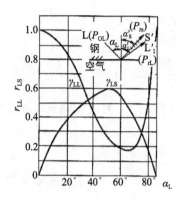

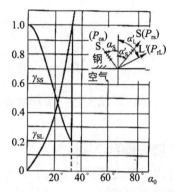

图2-9 L斜入射到钢/空气界面　　　　图2-10 S斜入射到钢/空气界面

2.3.3 端角反射

　　超声波在两个平面构成的直角内的反射叫做端角反射，如图2-11所示。在端角反射中，超声波经历了两次反射，当不考虑波型转换时，两次反射回波与入射波互相平行，即L（S）∥L'（S），且$\alpha+\beta=90°$。

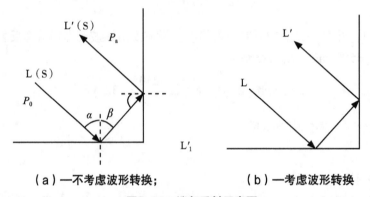

（a）—不考虑波形转换；　　　　　　（b）—考虑波形转换

图2-11 端角反射示意图

　　回波声压P_a与入射波声压P_0之比称为端角反射率，用T端表示。

$$T_{端}=\frac{P_a}{P_0}$$

　　如图2-12所示为钢/空气界面上钢中的端角反射率。

　　由图2-12（a）可知，纵波入射时，端角反射率都很低，这是因为纵波在端角的两次反射中分离出较强的横波。

　　由图2-12（b）可知，横波入射时，入射角$\alpha_S=30°$或60°附近时，端角反射率最低。

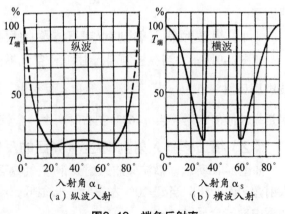

（a）纵波入射　　　　（b）横波入射

图2-12 端角反射率

α_S=35～55° 时，端角反射率达100%。实际工作中，横波检测焊缝根部未焊透或根部裂纹情况就类似于这种情况，当横波入射角α_S（等于横波探头的折射角β_S）=35～55°，即K=$tg\beta_S$=0.7～1.43时，检测灵敏度较高。当$\beta_S \geqslant 56$即K$\geqslant$1.5时，检测灵敏度较低。

从图2-12还可以看出，α_L（α_S）在0或90° 附近时，无论是纵波还是横波端角反射率理论上都很高，但实际上由于入射波、反射波在边界互相干涉而部分抵消，因此实际上这时探测灵敏度不高。

2.4　超声波的衰减

超声波在介质中传播时，随着距离增加，超声波能量逐渐减弱的现象叫做超声波衰减。

2.4.1　衰减的原因

引起超声波衰减的主要原因是波束扩散、晶粒散射和介质吸收。

（1）扩散衰减

超声波在传播过程中，由于波束的扩散，使超声波的能量随距离增加而逐渐减弱的现象称为扩散衰减。超声波的扩散衰减仅取决于波阵面的形状，与介质的性质无关。平面波波阵面为平面，波束不扩散，不存在扩散衰减。柱面波波阵面为同轴圆柱面，波束向四周扩散，存在扩散衰减，声压与距离的平方根成反比。球面波波阵面为同心球面，波束向四面八方扩散，存在扩散衰减，声压与距离成反比。

（2）散射衰减

超声波在介质中传播时，遇到声阻抗不同的界面产生散乱反射引起衰减的现象，称为散射衰减。散射衰减与材质的晶粒密切相关，当材质晶粒粗大时，散射衰减严重，被散射的超声波沿着复杂的路径传播到探头，在示波屏上引起草状回波（又叫草波），使信噪比下降，严重时噪声会湮没缺陷波，如图2-13所示。

（3）吸收衰减

超声波在介质中传播时，由于介质中质点间内摩擦（即粘滞性）和热传导引起超声波的衰减，称为吸收衰减或粘滞衰减。

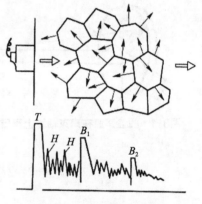

图2-13　草状回波（草波）

除了以上3种衰减外，还有位错引起的衰减，磁畴壁引起的衰减和残余应力引起的衰减等。

通常所说的介质衰减是指吸收衰减与散射衰减，不包括扩散衰减。

第3章 超声波发射声场与规则反射体的回波声压

3.1 纵波发射声场

3.1.1 纵波圆盘声源在声束轴线上声压的分布

根据叠加原理和波的干涉理论，声束轴线上任何一点处的声压等于声源上各点辐射的声压在该点的迭加，如图3-1所示。由于压电晶片上各点到达该点的距离不同，叠加时有相位差，因而在整个声束轴线上出现有声压极大值和声压极小值的起伏。如果声源发出的波为连续简谐波，且不考虑衰减，则圆盘形纵波声源在声束轴线上瞬时的声压分布可由公式3-1表示。按该式得出的声束轴线上瞬时的声压分布曲线如图3-2所示。

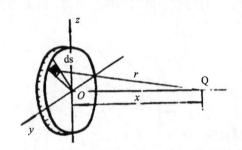

图3-1 圆盘声源在声束轴线上声压推导图　　　图3-2 圆盘源声束轴线上声压分布

$$P = 2P_0 \sin\left[\frac{\pi}{\lambda}\left(\sqrt{\frac{F_s}{\pi} + x^2} - x\right)\right] \tag{3-1}$$

式中，P——声束轴线上距声源距离为x处的声压；P_0——声源的起始声压；F_s——晶片面积；λ——波长；x——距声源距离。

从图3-2可知，声束轴线上声压随距离的变化规律是一个正弦周期函数，在N区（称为近场）内瞬时声压P_a在0—$2P_0$（声压幅值）内变化，有几个极大极小值。只有当传播距离a（称声程）大于N值时，声压随a的增加呈单调下降，只有当$a>3N$时，P_a与a的关系才符合$P_a \propto 1/a$，即距离增加一倍，声压下降一半。最后一个极小值在$N/2$处。

（1）近场区长度N

声束轴线上最后一个声压极大值点至声源的距离称为近场区长度，以N表示。

根据数学原理，可从式3-1推导出：

$$N = \frac{D_s^2}{4\lambda} - \frac{\lambda}{4} \qquad (3-2)$$

式中，D_s——晶片直径；

　　　λ——波长。

当晶片直径D_s远大于波长λ时，$\lambda/4$可忽略不计，则N可由下式表达：

$$N \approx \frac{D_s^2}{4\lambda} = \frac{F_s}{\pi\lambda} \qquad (3-3)$$

式中：F_s——晶片面积

距离小于N的范围称为近场；距离大于N的范围称为远场。可以看出，在远场中，在距离$a \geq 3N$时，圆盘源轴线上的声压与球面波的声压之间的差别已甚小，$a \geq 6N$时，已符合球面波规律，即：$P \propto 1/a$；$a = 2N$时，误差近乎为10%，$a = 1.6N$时，误差约为15%。

当$a \geq 3N$时，式3–1可近似地简化为：

$$P = \frac{P_0 F_s}{\lambda a} \qquad (3-4)$$

式中，F_s——声源(晶片)面积。

式3–4表明，当$a \geq 3N$时，圆盘源轴线上的声压与距离成反比，与声源面积成正比，符合球面波规律。

在近场区检测定量是不利的，处于声压极小值处的较大缺陷回波可能较低，而处于声压极大值处的较小缺陷回波可能较高，这样容易引起误判，甚至漏检，因此应尽可能避免在近场区检测定量。

（2）波束指向性

同样根据叠加原理，声源辐射场内任一点的声压也可以用声源上各点辐射声压在该点叠加来计算，如图3–3所示用直角坐标和极坐标表示了在远场垂直于声束轴线的某一截面的声压分布情况。图3–3中说明，超声波能量主要集中在声束轴线附近，两侧的声压很低并略有起伏，对应Y$=3.83$、7.02、10.17的位置出现零值。将Y$=3.83$的第一零值至晶片中心的连线与声束轴线形成的夹角θ定义为指向角，（也称半扩散角），其值可由下式求出：

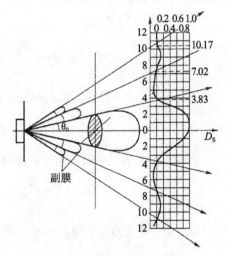

图3-3　圆盘源波束指向性图

$$\theta = \sin^{-1} 1.2\ \frac{\lambda}{D} \approx 70\frac{\lambda}{D} \qquad (3-5)$$

式中，λ——波长；D——晶片直径。

（3）未扩散区长度

超声波波源辐射的超声波是以特定的角度向外扩散出去的，但并不是从波源开始扩散的。而是在波源附近存在一个未扩散区b，其理想化的形状如图3-4所示。

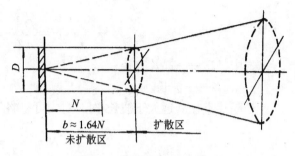

图3-4 未扩散区和扩散区

未扩散区长度可按几何关系求出：

$$\sin\theta_0 \approx 1.2\frac{\lambda}{D_s} = \frac{D_s/2}{\sqrt{b^2+(D_s/2)^2}}得：$$

$$b \approx \frac{D_s^2}{2.44\lambda} = 1.64N \qquad （3-6）$$

波束未扩散区长度为1.64倍近场长度。

例：求2.5P20直探头在钢中的N、θ_0和b（钢中纵波声速为5900m/s）

$$N = \frac{D_s^2}{4\lambda} = \frac{D_s^2 f}{4C_l} = \frac{20^2 \times 2.5 \times 10^6}{4 \times 5900 \times 10^3} = 42.4(\text{mm})$$

$$\theta_0 = 70\frac{\lambda}{D_s} = 70\frac{C_l}{D_s f} = 70 \times \frac{5900 \times 10^3}{20 \times 2.5 \times 10^6} = 8.26（°）$$

$$b = 1.64N = 1.64 \times 42.4 = 69.5（\text{mm}）$$

3.1.2 矩形波源辐射的纵波声场

（1）方向性函数

$$P(r,\theta,\phi) = \frac{P_0 F_s}{\lambda r}\frac{\sin(ka\sin\theta\cos\phi)}{ka\sin\theta\cos\phi}\frac{\sin(kb\sin\phi)}{kb\sin\phi} \qquad （3-7）$$

当$\theta=\varphi=0°$时，声轴上某点声压为：

$$P(r,0,0) = \frac{P_0 F_s}{\lambda r} \qquad （3-8）$$

当$\theta=0°$时，YOZ平面内的半扩散角θ_0为：

$$\theta_0 = \sin^{-1}(\frac{\lambda}{2b}) \approx 57\frac{\lambda}{2b} \quad （°） \qquad （3-9）$$

当$\varphi=0°$时，在XOZ平面内的半扩散角θ_0为：

$$\theta_0 = \sin^{-1}(\frac{\lambda}{2a}) \approx 57\frac{\lambda}{2a} \quad （°） \qquad （3-10）$$

近场长度：

$$N = \frac{F_s}{\pi\lambda} = \frac{l_1 l_2}{\pi\lambda} = \frac{ab}{\pi\lambda} \qquad （3-11）$$

3.2　规则反射体的回波声压

3.2.1　规则反射体

具有规则几何形状的声反射体称为规则反射体。规则反射体一般有：

（1）大平底；

（2）平底圆孔（简称平底孔）。

3.2.2　平底孔回波声压

当声程 $S \geqslant 3N$ 时，其声场可看成球面波，声束轴线上的声压 P 可用式 3–12 描述：

$$P = P_0 \frac{\pi D_S^2}{4 \lambda S} \tag{3-12}$$

式中，P_0——声源的声压；D_S——声源直径；λ——波长；S——声程。

离探头晶片距离 S_ϕ 处有一直径为 φ 的平底孔底面反射体（$\varphi < D_S$），根据式 3–12，则入射到平底孔底面上的入射声压为：$P = P_0 \dfrac{\pi D_S^2}{4 \lambda S_\phi}$。

根据惠更斯原理，可把平底孔看作一个直径为 φ 的新圆盘声源，上式 P 可看作新声源的起始声压，它的辐射规律也是遵循球面波声压公式，根据式 3–12，故探头晶片上接收到的声压 P_ϕ 为：

$$P_\phi = P \frac{\pi \Phi^2}{4 \lambda S_\phi} = P_0 \frac{\pi D_S^2}{4 \lambda S_\phi} \cdot \frac{\pi \Phi^2}{4 \lambda S_\phi} = P_0 \frac{F_S F_\phi}{\lambda^2 S_\phi^2} \tag{3-13}$$

式中，F_S、F_Φ——分别为晶片和平底孔面积。

对于方形平面或其他形状平面的缺陷，只要把反射体面积代入 F_Φ，式 3–13 同样适用。

任意两个距离、直径不同的平底孔回波声压或波高之比为：

$$\frac{H_{f2}}{H_{f1}} = \frac{P_{f1}}{P_{f2}} = \frac{x_2^2}{x_1^2} \cdot \frac{D_{f1}^2}{D_{f2}^2} \tag{3-14}$$

两者回波声压分贝差为：

$$\Delta_{12} = 20 \lg \frac{P_{f1}}{P_{f2}} = 40 \lg \frac{D_{f1}}{D_{f2}} \cdot \frac{x_2}{x_1} \tag{3-15}$$

当 $D_{f1} = D_{f2}$ 时，距离增加一倍，其回波下降 12dB

当 $x_1 = x_2$ 时，若 $D_{f1} = 2 D_{f2}$，

则 $\Delta_{12} = 40 \lg \dfrac{D_{f1}}{D_{f2}} = 40 \lg 2 = 40 \times 0.3010 = 12\text{dB}$，

即距离相同时，平底孔直径增加一倍，其回波升高 12dB

3.2.3 大平面回波声压

大平面是常见的规则反射面，如工件平底面等。处于远声场中的大平底面为B，它距声源的距离为S_B，则入射到大平底面B上的入射声压为：

$$P = P_0 \frac{\pi D_S^2}{4\lambda S_B} \qquad (3\text{--}16)$$

大平底面反射到晶片上的返回声压为P_B，若把大平底面看作镜面反射，那么探头上接收到的返回声压，相当于传播了$2S_B$声程远处，假想晶片D上接收到的声压，P_B可由下式求得：

$$P_B = P_0 \frac{\pi D_S^2}{4\lambda S_B} \cdot \frac{1}{2} = \frac{P_0 F_S}{2\lambda S_B} \qquad (3\text{--}17)$$

大平底面的回波声压与距离成反比. 两个不同距离的大平底面的回波声压的分贝差为：

$$\Delta_{12} = 20\lg(P_{B1}/P_{B2}) = 20\lg(x_2/x_1) \qquad (3\text{--}18)$$

当$x_2=2x_1$时：

$$\Delta_{12} = 20\lg(P_{B1}/P_{B2}) = 20\lg(x_2/x_1) = 20\lg 2 = 6\text{dB}$$

即：大平底面距离增加一倍，其回波下降6dB。

第 4 章　超声检测设备与器材

4.1　超声检测设备

4.1.1　超声检测仪分类

超声波检测仪是用于超声检测的一种仪器，是超声波检测中的主体设备，它的作用是产生或接收与换能器相关的电振荡，并将换能器获得的电信号进行放大，以一定的方式显示出来，从而得到被检对象内部结构和缺陷存在与否、缺陷位置和大小等有用信息。

仪器的分类方法很多，对于固体材料超声检测的仪器而言按声源的能动性可分为：主动测量（超声波检测仪）和被动测量仪（声发射仪）两类。若按所测参数可划分为3类：① 测定穿透能量的幅值，如穿透法探伤仪；② 测定反射能量的幅值和传播时间，如常用的脉冲反射法探伤仪；③ 测定频率可变的超声连续波在试件中谐振规律，如共谐法测厚仪、谐振仪等。

4.1.2　模拟式超声检测仪

（1）仪器电路方框图和工作原理

A型脉冲反射式模拟超声波检测仪的主要组成部分：同步电路、扫描电路、发射电路、接收放大电路、显示电路和电源电路等。电路方框图如图4-1所示。

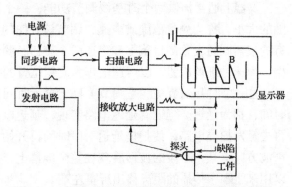

图4-1　A型脉冲反射式模拟超声检测仪电路方框图

仪器工作原理：同步电路产生的触发脉冲同时加至扫描电路和发射电路，扫描电路受触发开始工作，产生锯齿波扫描电压，加至示波管水平偏转板，使电子束发生水平偏转，在荧光屏上产生一条水平扫描线。与此同时，发射电路受触发产生高频脉冲，施加至探头，激励压电晶片震动，在工件中产生超声波，超声波在工件中传播，遇缺陷或底面产生反射，返回探头时，又被压电晶片转换为电信号，经接收电路放大和检波，加至示波管垂直偏转板上，使电子束发生垂直偏转，在水平扫描线的相应位置上产生缺陷回波和底波。

（2）仪器主要组成部分的作用

1）同步电路　又称触发电路，主要由振荡器和微分电路等组成。其作用是每秒产生数十至数千个周期性的同步脉冲，作为发射电路、扫描电路以及其它辅助电路的触发脉冲，使各电路在时间上协调一致工作。

每秒中内发射同步脉冲的次数称为重复频率。同步脉冲的重复频率决定超声仪的发射脉冲重复频率，即决定了每秒向被检试件内发射超声波脉冲的次数。

选择重复频率对自动化检测很重要。自动检测的优势之一是可以自动记录超声信号，因此可使以实现高速扫查，这就需要有高重复频率以保证不漏检。但高重复频率使两次脉冲间隔时间变短，可能使未充分衰减的多次反射进入下一周期，形成所谓的"幻想波"造成缺陷误判。因此，自动化检测的扫描速度也是受到可用的最大重复频率限制的。在手工检测目视情况下，提高重复频率可使波形显示亮度增加，便于观察。

2）扫描电路　又称时基电路，用来产生锯齿波电压，施加到示波管水平偏转板上，使显示管荧光屏上的光点沿水平方向从左向右作等速移动，产生一条水平扫描时基线。改变扫描速度（锯齿波的斜率）即可改变显示在屏幕上的时间范围，也就是超声波传播的声程范围。扫描电路的电路方框图及波形显示如图4-2所示。

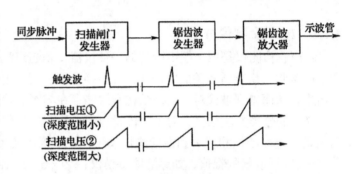

图4-2　扫描电路方框图及其波形

仪器上通常提供两个时基线调节功能，一个是用来改变屏幕上显示的时间（距离）范围的大小，称为测量范围或声速，调节该旋钮的实质是调节扫描速度（锯齿波的斜率）。有的仪器同时设置测量范围和声速两个旋钮，测量范围是粗调旋钮，按检测距离大范围分档，声速是细调旋钮，以声速值作为旋钮位置的指示。

另一个时基调节功能是调节屏幕上显示时间范围的起点，也就是时基电路触发的延迟时间，称为延迟。延迟有延迟电路实现，延迟电路的作用就是将同步信号延迟一段时间后再去触发扫描电路，使扫描延迟一段时间再开始，这样就可以以较快的时基扫描速度，将声波方向上某一小段的波形展现在整个屏幕上，以便更仔细地观察。在水浸法检测时，可以用来将水中传播的距离移出屏幕左端。

3）发射电路

发射电路是一个电脉冲信号发生器，可以产生100～400V的高压电脉冲，施加到压电晶片上产生脉冲超声波。有些可提供到1000V的高压电脉冲，以适应特殊的检测情况。

发射电路可分为调谐式和非调谐式的两种，如图4-3所示

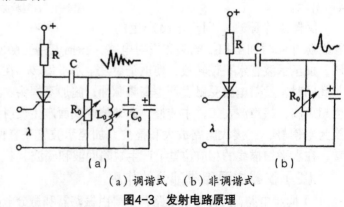

（a）调谐式　（b）非调谐式

图4-3　发射电路原理

为两种发射电路的原理图。

①调谐式电路谐振频率由电路中的电感、电容决定，发出的超声脉冲频带较窄。谐振频率通常调谐到与探头的固有频率相一致。这种电路常用于检测穿透高衰减材料的情况。

②非调谐式电路发射短脉冲，脉冲形状有尖脉冲、方波等不同形式，脉冲频带较宽，可适应不同频带范围的探头。现在常用的超声检测仪多采用非调谐式电路。

发射电脉冲的频率特性将传递到整个检测系统，首先是探头，转换为超声脉冲后进入工件，再回到探头，进入接收器，最后到达显示器。因此，屏幕上信号可以看作是发射脉冲经过一系列过程被处理后的结果。发射电路的频率特性对最终的A显示图形影响很大。为了使探头的能量转换频率达到最高，并且保证发射的超声波具有要求的频谱，通常要求发射脉冲频率范围包含探头自身的频带范围。频带越宽，发射脉冲越窄，分辨力越好。

超声检测仪中多设置发射强度调节旋钮或阻尼旋钮，通过改变发射电路中的阻尼电阻，调节发射脉冲的电压幅度和脉冲宽度。电压越高，脉冲越宽，则发射能量越大，但同时也增大了盲区，使深度分辨力变差。

4）接收电路

超声信号经压电晶片转换后得到的微弱电脉冲，被输入接收电路。接收电路对其放大、检波，使其能在显示屏上得到足够的显示。接收电路通常由衰减器、高频放大器、检波器和视频放大器组成。接收电路的性能直接影响到检测仪的垂直线性、动态范围、检测灵敏度、分辨力等。

接收电路的方框图及其波形如图4-4所示。

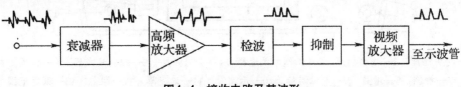

图4-4　接收电路及其波形

由缺陷回波引起的压电晶片产生的射频电压通常只有几十毫伏到数百毫伏，而示波管显示所需的电压需上百伏，所以接收电路必须具有10^5的放大能力。

检波电路的作用是将探头接收的射频信号转变为视频信号。检波有全波检波、正检波和负检波。

抑制电路是为了抑制噪声信号，将幅度较小的部分信号截去，不在显示屏上显示。但使用后会使信号的幅度放大线性变差，动态范围变小。过度抑制还有失去小缺陷信号的可能，因此需要慎重使用。

接收电路的频带宽度也极为重要，关系到能否不失真的将接收到的信号转换到显示屏上和读取，因此要和探头的频带相匹配。

在用单探头以脉冲反射方式进行检测时，发射脉冲在激励探头的同时也直接进入接收电路，形成始波。由于发射脉冲电压很高，在短时间内放大器倍数会降低，甚至没有放大作用，这种现象称为阻塞。由于发射脉冲自身有一定的宽度，加上放大器的阻塞现象，在靠近始波的一段时间范围内，所要求发现的缺陷往往不能发现，具体到工件中，这段时间所对应的由入射面进入工件的深度距离，称为盲区。

5）显示电路

显示电路主要由示波管及外围电路组成。

当重复扫描相同图像的频率很高时，由于视觉暂留作用，图像看起来是静止不动的，所以，当探头稳定的放在工件表面时，看到的是静止的回波波形，便于对信号进行评定。当探头移动速度很快时，图像是闪烁变化的，因此采用目视观察波形进行检测时，必须限制扫查速度，以保证产生重复图像，使人眼捕捉到缺陷波。

6）电源

电源的作用是给检测仪各部分电路提供适当的电能，使整机电路工作。

（3）模拟式A型仪器的主要旋钮及其作用

探伤仪面板上有许多开关和旋钮，用于调节探伤仪的功能和工作状态。如图4-5所示是CTS—22型探伤仪面板示意图，以这种仪器为例，说明各主要开关的作用及其调整方法。

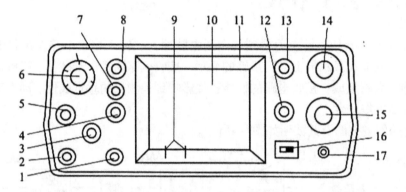

1—发射插座 2—接收插座 3—工作方式选择 4—发射强度 5—粗调衰减器 6—细调衰减器
7—抑制 8—增益 9—定位游标 10—示波管 11—遮光罩 12—聚焦 13—深度范围
14—深度细调 15—脉冲移位 16—电源电压指示器 17—电源开关

图4-5 CTS-22型检测面板示意图

①工作方式选择旋钮

工作方式选择旋钮的作用是选择探测方式。即"双探"或"单探"方式。当开关置于"双探"时，为双探头一发一收工作状态，可用一个双晶探头或两个单探头探伤，发射探头和接收探头分别连接到发射插座和接收插座。当开关置于"单探"时，为单探头发收工作状态，可用一个单探头探伤，此时发射插座和接收插座从内部连通，探头可插入任一插座。

②发射强度旋钮

发射强度旋钮的作用是改变仪器的发射脉冲功率，从而改变仪器的发射强度。增大发射强度时，可提高仪器灵敏度，但脉冲变宽，分辨力变差。因此，在探伤灵敏度能满足要求的情况下，发射强度旋钮应尽量放在较低的位置。

③增益旋钮（增益细调旋钮）

作用是改变接收放大器的放大倍数，进而连续改变探伤仪的灵敏度。使用时将反射波高精确的调到某一指定的高度，仪器灵敏度确定以后，检测过程中一般不再调整增益旋钮。

④衰减器

衰减器的作用是调节探伤灵敏度和测量回波振幅。调节灵敏度时，衰减读数大，灵敏度低；衰减读数小，灵敏度高。测量回波振幅时，衰减读数大，回波幅度高；衰减读数小，回波幅度低。一般探伤仪的衰减器分粗调和细调两种，粗调每档10dB或20dB，细调每档2dB或1dB，总衰减量80dB左右。

⑤抑制旋钮

抑制荧光屏上幅度较低或认为不必要的杂乱反射波，使之不予显示，从而使荧光屏显示的波形清晰。

使用抑制时，仪器的垂直线性和动态范围将被改变。抑制作用越大，仪器动态范围越小，从而在实际检测中容易漏掉小的缺陷，因此，一般不使用抑制。

⑥深度范围旋钮（深度粗调旋钮）

作用是粗调荧光屏扫描线所代表的探测范围。调节深度范围旋钮，可较大幅度地改变时间扫描线的扫描速度。从而使荧光屏上回波间距大幅度地压缩或扩展。

⑦深度细调旋钮

其作用是精确调整检测范围。调节细调旋钮，可连续改变扫描线的扫描速度，从而使荧光屏上的回波间距在一定范围内连续变化。

⑧延迟旋钮（脉冲移位旋钮）

用于调节开始发射脉冲时刻与开始扫描时刻之间的时间差。调节延迟旋钮可使扫描线上的回波位置大幅度左右移动，而不改变回波之间的距离。

调节探测范围时，用延迟旋钮可进行零位校正，即用深度粗调和细调旋钮调节好回波间距后，再用延迟旋钮将反射波调至正确位置，使声程原点与水平刻度的零点重合。水浸检测中，用延迟旋钮可将不需要观察的图形（水中部分）调到荧光屏外，以充分利用荧光屏的有效观察范围。

⑨聚焦旋钮

聚焦旋钮的作用是调节电子束的聚焦程度，使荧光屏波形清晰。

⑩频率选择旋钮

宽频带探伤仪的放大器频率范围宽，覆盖了整个探伤所需的频率范围，探伤仪面板上没有频率选择旋钮。探伤频率由探头频率决定。

窄频带探伤仪设有频率选择开关，用以使发射电路与所用探头相匹配，并用以改变放大器的通频带，使用时开关指示的频率范围应与所选用探头相一致。

⑪水平旋钮

水平旋钮也称零位调节旋钮，调节水平旋钮，可使扫描线连扫描线上的回波一起左右移动一段距离，但不改变回波间距。调节探测范围时，用深度粗调和细调旋钮调好回波间距，用水平旋钮进行零位校正。

⑫**重复频率旋钮**

重复频率旋钮的作用是调节脉冲重复频率，即改变发射电路每秒钟发射脉冲的次数。重复频率低时，荧光屏图形较暗，仪器灵敏度有所提高；重复频率高时，荧光屏图形较亮，这对露天检测观察波形是有利的。应该指出，重复频率要视被探工件厚度进行调节，厚度大，应使用较低的重复频率；厚度小，可使用较高的重复频率。但重复频率过高时，易出现幻象波。有些检测仪的重复频率开关与深度范围旋钮联动，调节深度范围旋钮时，重复频率随之调节到合适所探测厚度的数值。

⑬**垂直旋钮**

垂直旋钮用于调节扫描线的垂直位置。调节垂直旋钮，可使扫描线上下移动。

⑭**辉度旋钮**

辉度旋钮用于调节波形的亮度。

⑮**深度补偿开关**

有些探伤仪设有深度补偿开关或"距离振幅校正"(DAC)旋钮，它们的作用是改变放大器的性能，使位于不同深度的相同尺寸缺陷的回波高度差异减小。

⑯**显示选择开关**

显示选择开关用于选择"检波"或"不检波"显示。

4.1.3　A型显示

A型显示是一种波形显示，是将超声信号的幅度与传播时间的关系以直角坐标的形式显示出来。横坐标代表声波的传播时间，纵坐标代表信号幅度。如果超声波在均质材料中传播，声速是恒定的，则传播时间可转变为传播距离。从声波的传播时间可以确定缺陷的位置，由回波幅度可以估算缺陷当量尺寸。

如图4-6所示为脉冲反射法检测的典型A显示图形，左侧的幅度很高的脉冲T称为始波，是发射脉冲直接进入接收电路后，在屏幕上的起始位置显示的脉冲信号；右侧的高回波B称为底波或底面回波，是超声波传播到入射面相对的工件底面产生的反射波；中间的回波F则为缺陷的反射回波。

A型显示具有检波和非检波两种形式。非检波信号又称为射频信号，是探头输出的脉冲信号的原始形式，用于分析信号特征；检波形式是探头输出信号的脉冲信号经检波后显示的形式。由于检波形式可将时基线从屏幕中间移动到刻度板底线，可观察的幅度范围增加一倍，同时，图形较为清晰简单，便于判断信号的存在及读出信号幅度。但检波形式与非检波形式相比，失去了其中的相位信息。如图4-7所示。

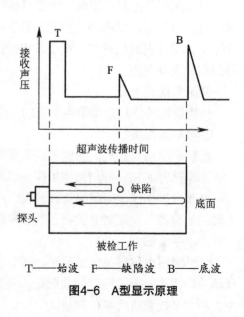

T——始波　F——缺陷波　B——底波

图4-6　A型显示原理

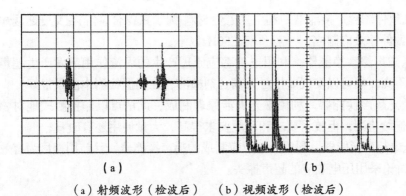

（a）　　　　　　　　　　　（b）

（a）射频波形（检波后）　　（b）视频波形（检波后）

图4-7　A型显示波形

4.1.4　超声波探伤仪的维护保养

　　超声波探伤仪是一种比较精密的电子仪器，为减少仪器故障的发生，延长仪器使用寿命，使仪器保持良好的工作状态，应注意对仪器的维护保养，仪器的维护应注意以下几点：

　　（1）使用仪器前，应仔细阅读仪器使用说明书，了解仪器的性能特点，熟悉仪器各控制开关和旋钮的位置、操作方法和注意事项，严格按说明书要求操作；

　　（2）搬动仪器时应防止强烈震动，现场检测尤其高空作业时，应采取可靠保护措施，防止仪器摔碰；

　　（3）尽量避免在靠近强磁场、灰尘多、电源波动大有强烈震动及温度过高或过低的场合使用仪器；

　　（4）仪器工作时应防止雨、雪、水、机油等进入仪器内部，以免损坏仪器线路和元件；

　　（5）连接交流电源时，应仔细核对仪器额定电源电压，防止错接电源，烧毁元件，使用蓄电池供电的仪器，应严格按照说明书进行充电操作，放电后的蓄电池应及时充电，存放较久的蓄电池应定期充电，否则会影响蓄电池容量甚至无法重新充电；

　　（6）转或按旋钮时不宜用力过猛，尤其是旋钮在极端位置时更应注意，否则会使旋钮错位甚至损坏；

　　（7）拔接电源插头或探头插头时，应用手抓住插头壳体操作，不要抓住电缆线插拔。探头线和电源线应理顺，不要弯折扭曲；

　　（8）仪器每次使用完后，应及时擦去表面灰尘、油污，放置在干燥地方；

　　（9）在气候潮湿地区或潮湿季节，仪器长期不用时，应定期接通电源开机一次，开机时间约半小时，以驱除潮气，防止仪器内部短路或击穿；

　　（10）仪器出现故障，应立即关闭电源，及时请维修人员检查修理。切记随意拆卸，以免故障扩大和发生事故。

4.2　探头

　　超声波探头是超声检测中实现电—声转换的器件，也称为超声换能器，其电—声转换是可逆的，且转换时间极短，可以忽略不计。

　　根据能量转换方式不同，可有多种不同类型的换能器：

（1）磁致伸缩超声换能器，利用铁磁性材料(镍、铁镍合金等)在交变磁场中其几何尺寸变化的磁致伸缩效应制成，一般频率在50Hz以下；

（2）电磁声超声换能器，利用电磁感应原理产生的涡流作用激发产生超声波，这种目前灵敏度不高，但可以实现非接触无耦合剂检测，在高温检测中前景很好；

（3）激光超声换能器，利用激光干涉原理制成，此法可以非接触式地对物体进行快速、自动、连续检则，但技术要求和环境要求很高，大量使用还有时日；

（4）压电超声换能器，利用压电效应制成的超声换能器，目前用得最为有效和广泛。

本节仅讨论采用压电效应的超声探头。

4.2.1 探头的结构

压电换能器探头由压电晶片、阻尼块、接头、电缆线、保护膜和外壳组成。斜探头有一个使晶片与入射面成一定角度的斜楔块。如图4-8所示为探头的基本结构。

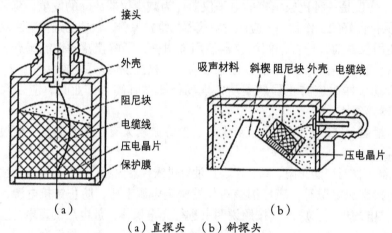

（a）直探头 （b）斜探头

图4-8 压电换能器探头的基本结构

（1）压电晶片

压电晶片的作用是接收和发射超声波，实现电声换能。晶片的性能决定着探头的性能。晶片的尺寸和谐振频率，决定发射声场的强度、距离波幅特性与指向性。晶片制作质量的好坏，也关系着探头的声场对称性、分辨力、信噪比等特性。

晶片可制成圆形、方形或矩形。晶片的两面需敷上银层（或金层、铂层）作为电极，以使晶片上的电压能均匀分布。

（2）阻尼块和吸声材料

阻尼块是由环氧树脂和钨粉等按一定比例配成的阻尼材料，其声阻抗应尽可能接近压电晶片的声阻抗，紧贴在压电晶片或楔块后面。对压电晶片的振动起阻尼作用：一是可使晶片起振后尽快停下来，从而使脉冲宽度减小，分辨力提高；二是阻尼块还可以吸收晶片向背面发射的超声波；三是对晶片起支承作用。

斜探头中，晶片前面已粘贴在斜楔上，背面可不加阻尼块。但斜楔内的多次反射会形成一系列杂乱的信号，故需在斜楔周围加上吸声材料，以减小噪声。

（3）保护膜

保护膜的作用是保护压电晶片不致磨损和损坏。分硬、软保护膜。硬保护膜适用于表面粗糙度较高的工件检测。软保护膜可用于表面粗糙度较低的工件检测。

保护膜使始波宽度增大，分辨力变差，灵敏度降低。在这方面硬保护膜不如软保护膜。石英晶片不易磨损，可不加保护膜。

（4）斜楔

斜楔是斜探头中为了使超声波倾斜入射到检测面而装在晶片前面的楔块。斜楔使探头的晶片与工件表面形成一个严格的夹角，以保证晶片发射的超声波按设定的倾斜角斜入射到与工件的界面，从而能在界面处产生所需要的波形转换，以便在工件内形成特定波型和角度的声束。同时，有了斜楔在晶片前面，就不再需要保护膜了。

斜楔中的纵波波速须小于工件中的纵波波速，具有适当的衰减系数，且耐磨、易加工。一般斜楔用有机玻璃制成，近年来有些探头用尼龙、聚合物等其他新材料制作斜楔，效果不错。有些斜楔在前面开槽，或者将斜楔做成牛角形，使反射波进入牛角而不返回晶片，从而减少杂波。

（5）电缆线

探头与检测仪间的连接需要采用高频同轴电缆，这种电缆可消除外来电波对探头的激励脉冲及回波脉冲的影响，并防止这种高频脉冲以电波的形式向外辐射。

对于石英、硫酸锂等介电常数很低的压电晶片制成的探头，电缆的长度、种类的变化会引起探头与检测仪器间阻抗匹配情况的较大改变，从而影响检测灵敏度，因此，应选用专用电缆，且在检测过程中不任意更换，如果更换，应考虑重新进行仪器状态调整。同轴电缆比一般电缆脆弱，弯曲过大时容易损坏，因此，使用探头电缆线要注意，应将电缆线理顺，不可扭折电缆线。

（6）外壳

外壳的作用在于将各部分组合在一起，并保护之。

4.2.2　探头的种类

探头的种类繁多，但它基本上是由接触直探头演变而成，例如在直探头晶片前面放上固定或可拆的斜楔即制成斜探头；把2个晶片组合在一起即成为双晶探头；对直探头晶片前设置凹面透镜即可制作水浸聚焦探头；在晶片前配制有机玻璃透镜可制成接触式聚焦探头；将晶片的发射方向制成可以调节时即可成为可变入射角斜探头；按临界角条件又可制成横波、表面波、板波和爬波探头；按晶片发射声场聚集形态又可分为普通、聚焦和聚束探头；斜探头前沿尺寸较小的可叫短前沿探头；商业上又按探头的专用用途分为车轮探头、路轨探头、测厚探头等等。

（1）接触式纵波直探头

超声波垂直于探测面发出，用以探测平行于探测面的平面型和体积型缺陷，它广泛用于锻件、铸件、板材等的探伤。

纵波探头可按频率、晶片尺寸和保护膜的软硬来划分系列。还可按其对不同频率的响应（频谱）分为宽带和窄带探头，前者分辨力高，后者则灵敏度较高。

（2）接触式斜探头

斜探头有横波斜探头、瑞利（表面）波斜探头、纵波斜探头、兰姆波斜探头及可变角斜探头等多种形式。其共同点是压电晶片贴在斜楔上，晶片与探头表面成一定倾角。

横波斜探头主要用于探测与探测面成一定角度的平面型及立体型缺陷，广泛用于焊缝、管材等的超声检测。

纵波斜探头是入射角小于第一临界角的探头。目的是：利用小角度的纵波进行缺陷检测，或在横波衰减过大的情况下，利用纵波穿透能力强的特点进行纵波斜入射检测。使用时应注意工件中同时存在横波的干扰。

（3）双晶探头

使用接触式纵波单探头时，发射电脉冲在激励压电晶片的同时也进入仪器的接收放大电路。由于仪器放大器的阻塞等原因，无法探测近探测面的缺陷，形成了较大的盲区。为解决近探测面的缺陷的探测，采用了一发一收的接触式双晶探头。如图4-9所示。

双晶探头具有以下优点：

①灵敏度高；

②杂波少盲区小；

③工件中近场区长度小；

④检测范围可调。

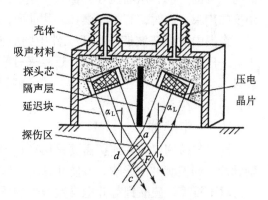

图4-9 双晶探头结构图

（4）水浸聚焦探头

水浸聚焦探头在液浸平探头的晶片平面上加上声透镜，探伤时以水作耦合剂，将声能传入试件，由于探头不直接与试件接触，晶片不易损坏。在聚焦区内超声束宽度可被减小，而声强被增大，从而提高信噪比和检测灵敏度。

水浸聚焦探头的上述特点已使聚焦探头在手工或自动探伤中使用日益增多，例如小径钢管的检测。如图4-10所示。

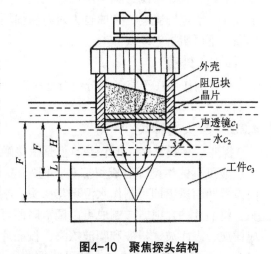

图4-10 聚焦探头结构

4.2.3 探头与仪器的连接

探头须用高频电缆与探伤仪相连接。为了消除外来电波对探头的激励脉冲及回波脉冲产生影响，并防止这种高频脉冲以电波形式向外辐射，常用同轴电缆。

同轴电缆比一般电缆脆弱，弯曲过大易于损坏。使用上应注意以下特点：

1）对于用石英、硫酸锂等介电常数很低的压电晶片所制成的探头，同轴电缆的长度、种类不同，会引起探伤系统灵敏度的较大变化，所以不能任意配用非规定的电缆。

2）用锆钛酸铅、钛酸钡等介电常数很高的压电晶片所制成的探头，电缆的种类和长度的稍有变化，对探伤系统灵敏度影响不大。

3）使用中应随时检查电缆与接插头间的联结是否完好，保持电缆的自然伸张状态。

4.2.4　探头的型号标识

探头型号组成项目及排列顺序如下：

| 基本频率 | 晶片材料 | 晶片尺寸 | 探头种类 | 特征 |

基本频率：用阿拉伯数字表示，单位为MHz。

晶片材料和探头型式：用化学元素缩写符号表示，如表4-1所示。

表4-1　晶片材料代号

压电材料	代号
锆钛酸铅陶瓷	P
钛酸钡陶瓷	B
钛酸铅陶瓷	T
铌酸锂单晶	L
碘酸锂单晶	I
石英单晶	Q
其他压电材料	N

晶片尺寸：用阿拉伯数字表示，单位为mm。其中圆晶片表示直径；方晶片用长×宽的形式表示；分割探头晶片用分割前的尺寸表示。

探头特征：斜探头钢中折射角正切值（K值）用阿拉伯数字表示。水浸探头水中焦距用阿拉伯数字表示。DJ表示点聚焦，XJ表示线聚焦。

4.2.5　耦合剂

超声耦合是指超声波在检测面上的声强透射率。声强透射率高，超声耦合好。为了改善探头与工件间的声能传递，而加在探头和检测面之间的液体薄层称为耦合剂。在液浸法检测中，通过液体实现耦合，此时液体也是耦合剂。

耦合剂主要作用是排除探头与工件表面之间的空气，使超声波有效地传入工件，达到检测目的。此外耦合剂还有润滑作用，可以减少探头和工件之间的摩擦，防止工件表面磨损探头，并使探头便于移动。

常用耦合剂有水、甘油、机油、变压器油、化学糨糊等。

4.3　试块

与一般的测量方式一样，为了保证检测结果的可靠性，可重复性和可比性，必须用一个具有已知固定特性的试样对检测系统进行校准。这种按一定用途设计制作的具有简单几何形状人工反射体或模拟缺陷的试样，通常称为试块。试块和仪器、探头一样，是超声波检测中的重要工具。

4.3.1 试块的作用

试块的主要作用简述如下：

1）测试仪器和探头的性能

超声波检测仪和探头的一些重要性能，如垂直线性、水平线性、动态范围、灵敏度余量、分辨力、盲区、探头的入射点、K值等都是利用试块来测试的。

利用试块可以调整仪器扫描速度，即调整仪器使示波屏上水平刻度值与实际声程之间成一定比例，以便对缺陷进行定位。

2）确定探伤灵敏度

超声波检测灵敏度太高或太低都不好，太高杂波多，判伤困难，太低会引起漏检。因此在超声波检测前，常用试块上某一特定的人工反射体来调整探伤灵敏度。

3）对缺陷定量

利用某些试块绘出的距离—波幅曲线（例如AVG曲线）来确定缺陷的当量是目前常用的定量方法之一。特别是3N以内的缺陷，采用试块比较法仍然是最有效的定量方法。

此外还可利用试块来测量材料的声速、衰减性能等材料的声学特性。

4.3.2 试块的分类

4.3.2.1 按试块主要用途来划分

（1）标准试块

标准试块是指具有规定的化学成分、表面粗糙度、热处理及几何形状的材料块，用于评定和校准超声检测设备，即用于仪器探头系统性能校准的试块。

例如：CSKA–IA、DZ–I试块。

常用标准试块

1）IIW试块、IIW2试块 ——国际标准试块，如图4–11所示。

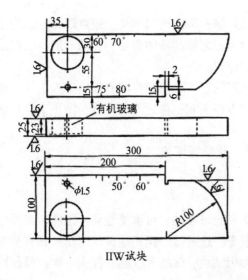

IIW试块

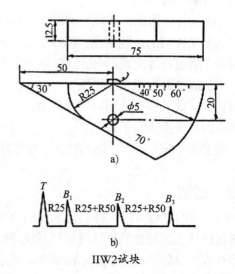

a)

b)

IIW2试块

图4–11

2）CSKA-IA试块，如图4-12所示。

作用：

①利用厚度25mm测定探伤仪的水平线性、垂直线性和动态范围；

②利用厚度25mm和高度100mm调整纵波探测范围；

③利用R50和R100校定时基线或测定斜探头的入射点；

④利用高度85、91、100测定直探头的分辨力；

⑤利用Φ40、Φ44、Φ50测定斜探头的分辨力；

⑥利用Φ50有机玻璃圆孔测定直探头盲区和穿透能力；

⑦利用Φ50曲面和Φ1.5横孔测定斜探头的K值；

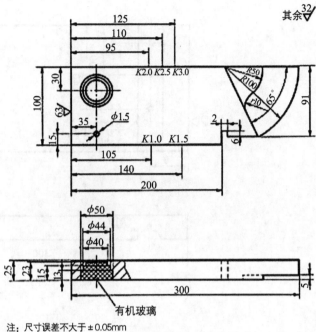

注：尺寸误差不大于±0.05mm

图4-12　CSKA-IA试块

⑧利用高度91mm（纵波声程91mm相当于横波50mm）调节横波1：1扫描速度，配合R100作零位校正；

⑨利用试块直角棱边测定斜探头的声轴偏斜角。

（2）对比试块

对比试块是指与被检件或材料化学成分相似，含有意义明确的参考反射体（反射体应采用机加工制作）的试块，用于调节超声检测设备的幅度和声程以将所检出的缺陷信号与已知的反射体所产生的信号相比较，即用于检测校准的试块。

例如：CSKA-IIA，GS系列试块等。

CSKA-IIA、CSKA-IIIA、CSKA-IVA试块，如图4-13所示。

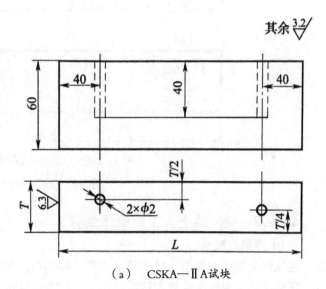

（a）　CSKA—IIA试块

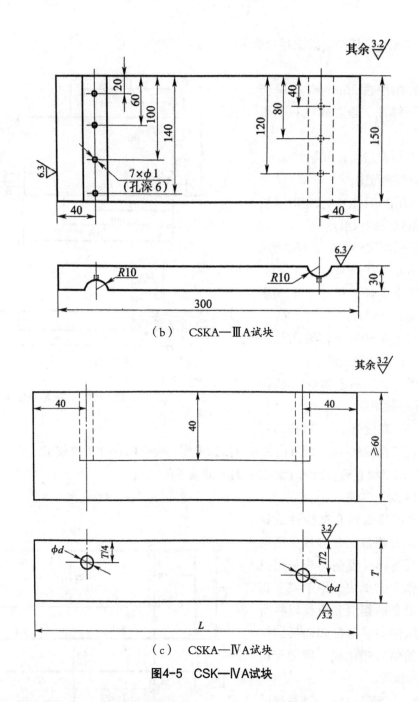

（b） CSKA—ⅢA试块

（c） CSKA—ⅣA试块

图4-5 CSK—ⅣA试块

4.3.2.2 按试块上人工反射体划分

（1）平底孔试块

在试块上加工有底面为平面的平底孔，如钢板检测对比试块。

这种试块主要用于纵波直探头探伤时，调节灵敏度和确定缺陷的平底孔当量值。

（2）横孔试块

试块上加工有与探测面平行的长横孔或短横孔，如用于焊缝探伤的CSKA-IIA（短横孔）试块和CSKA—IIIA（短横孔）试块。

这种试块主要用于横波斜探头探伤，测绘距离—波幅曲线、调节灵敏度和对缺陷定量。

（3）槽形试块

试块上加工有三角尖槽或矩形槽，如无缝钢管探伤中所用的试块，内、外圆表面就加工有三角尖槽。这种试块主要用于确定探测灵敏度。

4.3.3　试块的使用和维护

（1）试块应在适当部位编号，以防混淆。

（2）试块在使用和搬运过程中应注意保护，防止碰伤或擦伤。

（3）使用试块时应注意清除反射体内的油污和锈蚀。常用蘸油细布将锈蚀部位抛光，或合适的去锈剂处理。平底孔在清洗干燥后用尼龙塞或胶合剂封口。

（4）注意防止试块锈蚀，使用后停放时间长，要涂敷防锈剂。

（5）要注意防止试块变形，如避免火烤，平板试块尽可能立放防止重压。

4.4　超声波检测系统性能

4.4.1　超声波检测仪器的主要性能及其测试

（1）垂直线性和动态范围

1）垂直线性

仪器的垂直线性是指仪器示波屏上的波高与探头接收的信号之间成正比的程度。放大器和示波管的性能影响垂直线性。

垂直线性好坏常以垂直线性误差来表示，其测试步骤如下：

①［抑制］至"0"，［衰减器］保留30dB衰减余量。

②直探头通过耦合剂置于IIW（或其他试块）上，对准25mm底面，并用压块恒定压力。

③调节仪器使试块上某次底波位于示波屏的中间，并达满幅度100%，但不饱和，作为"0"dB。

④固定［增益］和其他旋钮，调［衰减器］，每次衰减2dB，并记下相应的波高Hi填入表中，直到衰减量达到24dB。

⑤计算垂直线性误差：

$$D = (|d_1| + |d_2|)100\% \tag{4-1}$$

式中，d_1——实测值与理想值的最大正偏差；d_2——实测值与理想值的最大负偏差。

一般规定仪器垂直线性误差$D \leqslant 5\%$。

垂直线性的好坏影响缺陷定量精度。

2）动态范围

动态范围是指仪器示波屏从垂直满刻度至0刻度之间容纳信号大小（dB值）的能力。测试垂直线性的同时即可测出动态范围，测试条件完全同垂直线性的测试。当衰减量达到24dB后继续增加衰减量,直到信号的波高降到刚露头,信号的波高从满刻度至刚露头的总衰减dB数即为动态范围。

一般要求仪器的动态范围不小于26dB。

（2）水平线性

仪器水平线性是指仪器示波屏上时基线显示的水平刻度值与实际声程之间成正比的程度。如图4-14所示。

水平线性的好坏常用水平线性误差来表示,其测试步骤如下:

①将直探头置于ⅡW（或其他试块）上,对准25mm厚的大平底面。

②调［微调］、［水平］或［脉冲移位］等旋钮,使示波屏上出现5次底波B_1到B_5,且使B_1前沿对准2.0,B_5对准10.0,如图4-14 b）。记录B_2、B_3、B_4与水平刻度值4.0、6.0、8.0的偏差值a_2、a_3、a_4。

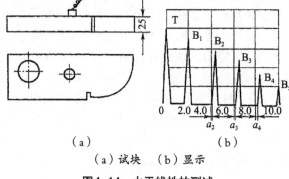

（a）试块 （b）显示

图4-14 水平线性的测试

③计算水平线性误差:

$$\delta = \frac{|a_{\max}|}{0.8b}100\% \qquad (4-2)$$

式中,$a_{\max}$——a_2、a_3、a_4中最大者;b——示波屏水平满刻度值。

一般要求仪器的水平线性误差$\delta \leqslant 1\%$。

仪器水平线性的好坏直接影响测距精度,进而影响缺陷定位。

（3）衰减器精度

衰减器精度影响着缺陷定量的准确性,准确测定衰减器精度宜采用标准衰减器进行比较。然而这种方法在一般情况下往往难于实现,探伤人员可按以下简易方法大致测出衰减器精度。

在探头远场区,同声程平底孔的孔径相差一倍,其反射回波的理论差值为12dB。据此,可以用直探头探测试块内同声程的$\phi 2$和$\phi 4$平底孔,用衰减器将它们的回波调至同一高度（如垂直刻度的80%）,此时衰减器的调节量（dB值）与12dB的差值即为衰减器误差。

由于探伤仪衰减器旋钮刻度只有整数值,难以调节到基准高度,对于垂直线性好的仪器,可按下列方法进行处理。

①使$\phi 2$平底孔的最大反射波高为适当高度,记为H1（例如满幅度的80%）。

②使同声程的$\phi 4$平底孔最大反射波出现在示波屏上,并衰减12dB,记下此时高度为H2,则衰减器的误差N可按下式估算:

$$N（dB）= 20\lg（H_1 / H_2）$$

一般要求任意相邻12dB误差$\leqslant 1$dB。

4.4.2　探头的主要性能

（1）主声束偏斜

探头实际主声束与其理论几何中心轴线的偏离程度称为主声束的偏离，常用偏离角 θ 来表示。

（2）双峰

平行移动探头，同一反射体产生两个波峰的现象称为双峰（这里指的是波幅双峰），这是波束分叉引起的。

直探头和斜探头都可能出现双峰，下面以斜探头为例说明之。

斜探头双峰常用横孔试块来测定，探头对准横孔，并前后移动，当示波屏上出现双峰包络线时，说明探头具有双峰。

探头主声束出现双峰，也会影响对缺陷的定位和判别。

（3）斜探头前沿长度

斜探头主声束轴线与探测面的交点称为入射点。

斜探头入射点至探头前边沿的距离称为斜探头的前沿长度。

测定探头的入射点和前沿长度是为了便于对缺陷定位和测定斜探头折射角（K 值）。

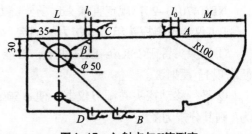

图4-15　入射点与 K 值测定

将斜探头放在IIW试块上，如图4-15所示的A位置，前后移动探头，使半径R100mm圆柱曲底面回波达最高，此时R100mm圆柱曲底面圆心所对应的斜楔底面的点就是该探头的入射点。这时探头的前沿长度 l_0 为：

$$l_0 = R - M \tag{4-3}$$

式中 M 是试块前边缘至探头前沿的距离。

（4）斜探头折射角（K 值）

斜探头的折射角（K 值）对于缺陷的定位非常重要，必须准确测试。

斜探头的折射角（K 值）常用IIW试块或CSKA—IA试块上的 $\phi50$mm和 $\phi1.5$mm横孔来测定，如图4-7中。下面以C位置为例说明斜探头的折射角（K 值）的测试方法。探头对准试块上 $\phi50$ 横孔，前后移动探头找到最高回波，此时可从探头入射点所对应的刻度读出 βs或 K 值。为获得较准确的值，找到最高回波时，测出探头前边沿至试块端头的距离 L，则有下式：

$$K = \frac{L - 35 + l_0}{30} \qquad \beta\mathrm{s} = \mathrm{tg}^{-1}K \tag{4-4}$$

式中，l_0—探头的前沿长度。

值得注意的是：测定斜探头的折射角（K 值）也应在近场区以外进行。因为近场区内，声束轴线上的声压不一定是最高点，测试误差大。

4.4.3 超声波检测仪器和探头组合的主要性能

（1）仪器与探头组合的分辨力

仪器与探头组合的分辨力是指在示波屏上区分相邻两缺陷的能力。能区分的相邻两缺陷的距离愈小，分辨力就愈高。

1）仪器与直探头组合分辨力的测定

［抑制］至"0"，探头置于CSKA—ⅠA试块上如图4-16所示，左右移动探头，使示波屏上出现85mm、91mm、100mm 3个台阶的反射回波A、B、C。

则波峰和波谷的分贝差$20\lg$（a/b）表示分辨力。

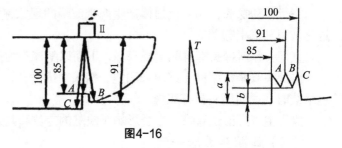

图4-16

NB/T47013–2015规定直探头远场分辨力≥20dB

2）仪器与斜探头组合分辨力的测定

①斜探头置于CSKA—ⅠA试块上，对准$\phi50mm$、$\phi44mm$、$\phi40mm$ 3个台阶孔，示波屏上便出现3个反射波。

②平行移动探头并调节仪器，使$\phi50mm$、$\phi44mm$圆弧面回波等高，其波峰为h_1，波谷为h_2则其分辨力X为：

$$X = 20\lg\frac{h_1}{h_2} \quad（dB）\tag{4-5}$$

实际测试时，用［衰减器］将h_1衰减到h_2：，其衰减量ΔN为分辨力，即$X=\Delta N dB$。

NB/T47013–2015规定斜探头远场分辨力≥12dB

（2）仪器与探头组合的灵敏度余量

超声波检测中灵敏度广义的含意是指整个探伤系统（仪器与探头）发现最小缺陷的能力。发现的缺陷愈小，灵敏度就愈高。

仪器与探头组合的灵敏度常用灵敏度余量来衡量。灵敏度余量是指仪器最大输出时（增益、发射强度最大，衰减和抑制为0），使规定反射体回波达到基准波高所需衰减总量。灵敏度余量大，说明仪器与探头的灵敏度高。灵敏度余量与仪器和探头组合的综性能有关，因此又叫仪器与探头的综合灵敏度。

1）仪器与直探头组合的灵敏度余量的测定

①仪器［增益］至最大，［抑制］至"0"，［发射强度］至"强"，连接探头，并使探头悬空，调［衰减器］使电噪声电平≤10%，记下此时的［衰减器］的读数$N1$ dB。

②将探头对准200／$\phi2$平底孔试块（声程为200mm、平底孔直径$\phi2mm$）上的$\phi2$底孔，。调［衰减器］使$\phi2$平底孔回波高达50%，记下此时［衰减器］读数$N2$dB。则仪器与探头的灵敏度余量N为：

$$N=N_2-N_1 \quad（dB）\tag{4-6}$$

一般要求仪器与直探头组合的灵敏度余量要≥32dB。

2）仪器与斜探头组合的灵敏度余量的测定

① ［增益］至最大，［抑制］至"0"，［发射强度］至"强"，连接探头并悬空，记下电噪声电平≤10%的衰减量N1。

②探头置于IIW试块上对准R100mm圆弧面，前后移动探头获取R100mm圆弧面反射的最大波高，将其调为满幅度50%时，记下衰减量N2。则组合灵敏余量N为：

$$N = N_2 - N_1 \qquad （dB） \qquad (4-7)$$

一般要求仪器和斜探头的灵敏度余量≥42dB。

（3）始脉冲占宽和盲区

1）始脉冲占宽及其测定

始脉冲占宽是指在一定的灵敏度下，示波屏上高度超过垂直满幅度20%时的始脉冲延续长度。

其测定方法如下：

按规定调好灵敏度并校准"0"点，将示波屏上始脉冲后沿达20%高处至水平刻度"0"点的距离W_n，即为始脉冲占宽。

2）盲区及其测定

盲区是指从探测面到能够发现缺陷的最小距离。

盲区的测定可在盲区试块上进行。示波屏上能清晰地显示φ1平底孔独立回波的最小距离即为所测的盲区。

如果没有盲区试块，也可利用IIW或CSKA－IA试块来估计盲区的范围，如图4-17所示。若探头于I处有独立回波，则盲区小于或等于5mm。若I处无独立回波，Ⅱ处有独立回波，则盲区在5—10mm之间。若Ⅱ处仍无独立回波，则盲区大于10mm。

盲区的大小与仪器的阻塞时间和始脉冲宽度有关。

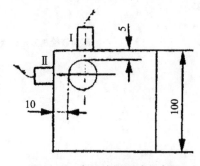

图4-17　盲区简易测试示意图

（4）信噪比

信噪比是指示波屏上有用的最小缺陷信号幅度与无用的噪声杂波幅度之比。信噪比高，杂波少，对探伤有利。信噪比太低，容易引起漏检或误判，严重时甚至无法进行探伤。

一般以200／φ1平试孔反射回波$H_{信}$与噪声杂波高$H_{噪}$之间的分贝差来表示信噪比的大小，即$\Delta = 20\lg（H_{信}／H_{噪}）$。

第5章 超声检测方法及通用技术

5.1 超声波检测方法

超声检测方法分类，如图5-1所示：

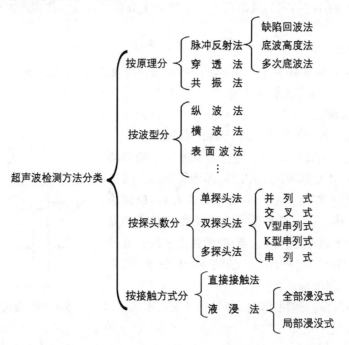

5.1.1 按原理分类

超声波检测方法按原理分类，可分为脉冲反射法、穿透法和共振法。

脉冲反射法

超声波探头发射脉冲波到被检试件内，根据反射波的情况来检测试件缺陷的方法，称为脉冲反射法。脉冲反射法包括缺陷回波法、底波高度法和多次底波法。

①缺陷回波法

根据仪器示波屏上显示的缺陷波形进行判断的方法，称为缺陷回波法。该方法是反射法的基本方法。

②底波高度法

当试件的材质和厚度不变时，底面回波高度应是基本不变的。如果试件内存在缺陷，底面回波高度会下降甚至消失。这种依据底面回波的高度变化判断试件缺陷情况的探伤方法，称为底波高度法。

底波高度法的特点在于同样投影大小的缺陷可以得到同样的指示，而且不出现盲区，但是要求被探试件的探测面与底面平行，耦合条件一致。由于该方法检出缺陷定位定量不便，灵敏度较低，因此，实用中很少作为一种独立的探伤方法，而经常作为一种辅助手段，配合缺陷回波法发现某些倾斜的和小而密集的缺陷。

③多次底波法

当透入试件的超声波能量较大，而试件厚度较小时，超声波可在探测面与底面之间往复传播多次，示波屏上出现多次底波B1、B2、B3……。如果试件存在缺陷，则由于缺陷的反射以及散射而增加了声能的损耗，底面回波次数减少，同时也打乱了各次底面回波高度依次衰减的规律，并显示出缺陷回波。这种依据多次底面回波次数来判断试件有无缺陷的方法，即为多次底波法。

多次底波法主要用于厚度不大、形状简单、探测面与底面平行的试件探伤，缺陷检出的灵敏度低于缺陷回波法。

5.1.2　按波型分类

根据检测采用的波型，可分为纵波法、横波法、表面波法、板波法、爬波法等。

（1）纵波法

使用纵波进行探伤的方法，称为纵波法。在同一介质中传播时，纵波速度大于其它波形的速度，穿透能力强，对晶间反射或散射的敏感性不高，所以可检测工件的厚度是所有波形中最大的，而且可以用于粗晶材料的探伤。

1）纵波直探头法

使用纵波直探头进行检测的方法，称为纵波直探头法。波束垂直入射至工件检测面，以不变的波型和方向透入工件，所以又称垂直入射法，简称垂直法。

垂直法分为单晶直探头脉冲反射法、双晶直探头脉冲反射法和穿透法。常用的是单、双晶直探头脉冲反射法。对于单直探头，由于远场区接近于按简化模型进行理论推导的结果，可用当量计算法对缺陷进行评定；同时由于盲区和分辨力的限制，只能发现工件内部离检测面一定距离以外的缺陷。双晶直探头利用两个晶片一发一收，很大程度上克服了单直探头盲区的影响，因此适用于检测近表面缺陷和薄壁工件。

垂直法主要用于铸造、锻压、轧材及其制品的检测，该法对于与检测面平行的缺陷检出效果最佳。由于垂直法检测时，波型和传播方向不变，所以缺陷定位比较方便。

2）纵波斜探头法

将纵波倾斜入射至工件检测面，利用折射纵波进行检测的方法，称为纵波斜探头法。此时，入射角小于第一临界角，工件中既有纵波也有横波，由于纵波传播速度快，几乎是横波的两倍，因此可利用纵波来识别缺陷和定量，但注意不要与横波信号混淆。

一般来说，小角度纵波斜探头常用来检测探头移动范围较小、检测范围较深的一些部件，如从螺栓端部检测螺栓，多层包扎设备的环焊缝等。

对于粗晶材料，如奥氏体不锈钢焊接接头的检测，也常采用纵波斜探头法检测。在TOFD检测技术中，使用的探头一般也为纵波斜探头。

（2）横波法

将纵波通过楔块、水等介质倾斜入射至试件探测面，利用波型转换得到横波进行探伤的方法，称为横波法。由于透入试件的横波束与探测面成锐角，所以又称斜射法。

斜射声束的产生通常有两种方式：一种是接触时采用斜探头，由晶片发出的纵波通过一定倾角的斜楔到达接触面，在界面处发生波型转换，在工件中产生折射后的斜射横波声束；另一种是利用水浸直探头，在水中改变声束入射到检测面时的入射角，从而在工件中产生所需波型和角度的折射波。

此方法主要用于管材、焊缝的探伤，是目前特种设备行业中应用的最多的一种方法。其它试件探伤时，则作为一种有效的辅助手段，用以发现与检测面成一定倾角的缺陷。

5.1.3 按探头数量分类

（1）单探头法

使用一个探头兼作发射和接收超声波的探伤方法称为单探头法。单探头法操作方便，大多数缺陷可以检出，是目前最常用的一种方法。

单探头法探伤，对于与波束轴线垂直的片状缺陷和立体型缺陷的检出效果最好。与波束轴线平行的片状缺陷难以检出。当缺陷与波束轴线倾斜时，则根据倾斜角度的大小，能够收到部分回波或者因反射波束全部反射在探头之外而无法检出。

（2）双探头法

使用两个探头(一个发射，一个接收)进行探伤的方法称为双探头法。主要用于发现单探头法难以检出的缺陷。如图5-2所示：

双探头法又可根据两个探头排列方式和工作方式进一步分为并列式、交叉式、V型串列式、K型串列式、串列式等。

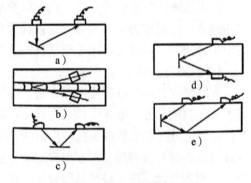

图5-2 双探头的排列方式

（3）多探头法

使用两个以上的探头成对地组合在一起进行探伤的方法，称为多探头法。多探头法的应用，主要是通过增加声束来提高探伤速度或发现各种取向的缺陷。通常与多通道仪器和自动扫描装置配合，如图5-3所示。

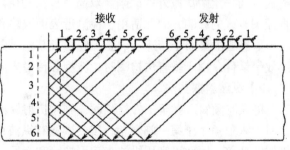

图5-3 多探头法

5.1.4　按探头接触方式分类

依据检测时探头与试件的接触方式，可以分为接触法与液浸法。

（1）接触法

探头与试件探测面之间通过很薄的耦合剂层实现超声波传输的探伤方法称为直接接触法或简称接触法。

（2）液浸法

探头和工件之间，以一定厚度的液体作耦合剂进行探伤的方法，称为液浸法。如图5-4所示。

液体耦合剂可以是水，也可以是油。当以水为耦合剂时，称为水浸法。液浸法探伤，探头不直接接触试件，所以此方法适用于表面粗糙的试件；探头不易磨损，耦合稳定，探测结果重复性好，便于实现自动化探伤。

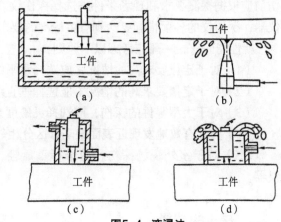

图5-4　液浸法

液浸法按探伤方式不同又分为全浸没式和局部浸没式。

1）全浸没式

被检试件全部浸没于液体之中，适用于体积不大，形状复杂的试件探伤，如图5-4（a）。

2）局部浸没式

把被检试件的一部分浸没在水中或被检试件与探头之间保持一定的水层而进行探伤的方法，适用于大体积试件的探伤。局部浸没法又分为喷液式如图5-4（b）、通水式如图5-4（c）和满溢式如图5-4（d）。

（3）接触法和液浸法特点比较

①接触法优点　多为手工检测，操作方便；设备简单，适用于现场检测，且成本较低；直接耦合，入射声能损失小，可以提供较大的厚度穿透能力；在相同的检测参数下，比液浸法提供更高的检测灵敏度。

②接触法缺点　手工操作受人为因素影响较大，耦合不易稳定；要求被检表面的粗糙度较小。

③液浸法优点　探头与被检工件不接触，超声波的发射和接收均较稳定，表面粗糙度的影响较小；通过调节探头角度，可方便地改变探头发射的声束方向；可缩小检测盲区，从而可检测较薄的工件；探头不直接接触工件，探头损坏的可能性小，探头寿命长；便于实现聚焦声束检测，满足高灵敏度、高分辨率检测的需要；便于实现自动检测，减少影响检测可靠性的人为因素。

④液浸法缺点　超声波在液体和金属表面的反射，损失了大量能量，需采用较高的增益。当检测高衰减材料或大厚度材料时，可能没有足够的能量。在较高增益下，还可能出现噪声干扰。

在实际检测时，应根据使用的对象、目的和场合，结合两种方法的优缺点综合选择。

5.2 探测条件的选择

5.2.1 探伤仪的选择

超声波检测仪是超声波检测的主要设备。目前国内外探伤仪种类繁多，性能各异，探伤前应根据探测要求和现场条件来选择探伤仪。首先要选择稳定性、重复性和可靠性好的仪器，探伤仪的各项指标要达到有关标准的要求。

就性能而言，一般应考虑以下原则：

（1）对于定位要求高的情况，应选择水平线性误差小的仪器；

（2）对于定量要求高的情况，应选择垂直线性好，衰减器精度高的仪器；

（3）对于大型零件的探伤，应选择灵敏度余量高、信噪比高、功率大的仪器；

（4）为了有效地发现近表面缺陷和区分相邻缺陷，应选择盲区小、分辨力好的仪器；

（5）对于室外现场探伤，应选择重量轻，示波屏亮度好，抗干扰能力强的携带式仪器。

5.2.2 探头的选择

超声检测中，超声波的发射和接收都是通过探头来实现的。探头的种类很多，结构型式也不一样。检测前应根据被检对象的形状、声学特点和技术要求来选择探头。探头的选择包括深头的型式、频率、带宽、晶片尺寸和横波斜探头K值等。

（1）探头型式的选择

常用的探头型式有纵波直探头、横波斜探头、纵波斜探头、双晶探头、聚焦探头等。根据工件的形状和可能出现缺陷的部位、方向等条件来选择探头的型式，使声束轴线尽量与缺陷垂直。

纵波直探头波束轴线垂直于检测面，主要用于检测与检测面平行或近似平行的缺陷，如钢板中的夹层、折叠等缺陷。

横波斜探头是通过波型转换来实现横波检测的。横波波长短，检测灵敏度高，主要用于与检测面垂直或成一定角度的缺陷，如焊缝中的未焊透、夹渣、裂纹、未熔合等缺陷。

纵波斜探头主要是利用小角度的纵波进行检测，或在横波衰减过大的情况下，利用纵波穿透能力强的特点进行斜入射纵波检测。此时工件中既有纵波也有横波，使用时需注意横波干扰，可利用纵波和横波的速度不同加以识别。

双晶探头用于检测薄壁工件或近表面缺陷。

水浸聚焦探头可用于检测管材或板材；接触聚焦探头可有效提高信噪比，但检测范围较小，可用于已发现缺陷的精确定量等目的。

（2）探头频率的选择

超声波检测频率一般在0.5～10 MHz之间，选择范围大。在选择频率时应明确以下几点：

①由于波的绕射，使超声波检测灵敏度约为二分之一波长，因此提高频率，有利于发现更小的缺陷；

②频率越高，脉冲宽度越小，分辨力也就越高，有利于区分相邻缺陷且缺陷定位精度高；

③由 $\theta=\arcsin 1.22\lambda/D$ 可知，频率越高，波长越短，半扩散角就越小，声束指向性也就越好，能量集中，发现小缺陷的能力也就越强，但是相对的检测区域也就越小，仅能发现声束轴线附近的缺陷；

④由 $N=D^2/4\lambda$ 可知，频率高，波长短，近场区长度大，对探伤不利；

⑤由 $\alpha_S=C_2Fd^3f^4$ 可知，频率增加，衰减急剧增加，对探伤不利。此时由于晶界的散射还会出现草状回波，信噪比下降，从而导致缺陷检出困难；

⑥对于面积状缺陷，如果频率太高则会形成显著的反射指向性，如果超声波不是近于垂直入射到面状缺陷表面上，在检测方向可能不会产生足够大的回波，检出率将会降低。

由以上分析可知，频率的高低对检测有较大的影响。实际检测中要全面分析考虑各方面的因素，合理选择频率以取得最佳平衡。

一般而言，频率的选择可这样考虑：对于小缺陷、厚度不大的工件，宜选择较高频率；对于大厚度工件、高衰减材料，应选择较低频率。如对于晶粒较细的锻件、轧制件和焊接件等，一般选用较高的频率，常用 2.5 ~ 10 MHz。对晶粒较粗大的铸件、奥氏体钢等宜用较低的频率，常用 0.5 ~ 2.5 MHz。

（3）探头带宽的选择

探头发射的超声脉冲频率都不是单一的，而是有一定带宽的。宽带探头对应的脉冲宽度较小，深度分辨力好，盲区小，但由于探头使用的阻尼较大，通常灵敏度较低；窄带探头脉冲较宽，深度分辨力变差，盲区大，但灵敏度较高，穿透能力强。

研究表明，宽带探头由于脉冲短，在材料内部散射噪声较高的情况下，具有比窄带探头信噪比好的优点。如对晶粒较粗大的铸件、奥氏体钢等宜选用宽带探头。

（4）探头晶片尺寸的选择

晶片大小对探伤也有一定的影响，选择晶片尺寸时要考虑以下因素：

1）由 $\theta=\arcsin 1.22\lambda/D$ 可知，晶片尺寸增加，半扩散角减少，波束指向性变好，超声波能量集中，对探伤有利；

2）由 $N=D^2/4\lambda$ 可知，晶片尺寸增加，近场区长度迅速增加，对探伤不利；

3）晶片尺寸大，辐射的超声波能量大，探头未扩散区扫查范围也大，远距离扫查范围相对变小，发现远距离缺陷能力增强。

以上分析说明晶片大小对声束指向性，近场区长度、近距离扫查范围和远距离缺陷检出能力有较大的影响。实际探伤中，探伤面积范围大的工件时，为了提高探伤效率宜选用大晶片探头。探伤厚度大的工件时，为了有效地发现远距离的缺陷宜选用大晶片探头。探伤小型工件时，为了提高缺陷定位精度宜选用小晶片探头。探伤表面不太平整，曲率较大的工件时，为了减少耦合损失宜选用小晶片探头。

（5）横波斜探头K值的选择

在横波检测中，探头的 K 值对缺陷检出率、检测灵敏度、声束轴线的方向、一次波的声程（入射点至底面反射点的距离）有较大的影响。由 $K=\tan\beta_S$ 可知，K 越值大，β_S 也越大，一次波的声程也就越大。

因此在实际检测中，当工件厚度较小时，应选用较大的K值，以便增加一次波的声程，避免近场区检测。当工件厚度较大时，应选用较小的K值，以减少声程过大引起的衰减，便于发现深度较大处缺陷。

在焊缝检测中，K值的选择既要考虑到可能产生的缺陷与检测面形成的角度，还要保证主声束能扫查整个焊缝截面。为了检测单面焊根部是否焊透，还应考虑端角反射问题，使K=0.7～1.5，因为K<0.7或K>1.5，端角反射率很低，容易引起漏检。

5.2.3 耦合剂的选用

（1）耦合剂

超声耦合是指超声波在检测面上的声强透射率。声强透射率高，超声耦合好。为了提高耦合效果，而加在探头和检测面之间的液体薄层称为耦合剂。耦合剂的作用在于排除探头与工件表面之间的空气，使超声波能有效地传入工件，达到检测的目的。此外，耦合剂还有减小摩擦的作用。

一般耦合剂应满足以下要求：

①能湿润工件和探头表面，流动性、黏度和附着力适当，不难清洗；

②声阻抗高，透声性能好；

③来源广，价格便宜；

④对工件无腐蚀，对人体无害，不污染环境；

⑤性能稳定，不易变质，能长期保存。

超声检测中常用耦合剂有机油、变压器油、甘油、水、水玻璃和化学糨糊等。它们的声阻抗如表5-1所示。

表5-1 常用耦合剂的声阻抗Z值

单位：$10^6 kg/m^2 \cdot s$

耦合剂	机油	水	水玻璃	甘油
Z	1.28	1.5	2.17	2.43

由此可见，甘油声阻抗高，耦合性能好，常用于一些重要工件的精确检测，但价格较贵，对工件有腐蚀作用。水玻璃的声阻抗较高，常用于表面粗糙的工件检测，但清洗不太方便，且对工件有腐蚀作用。水的来源广，价格低，常用于水浸检测，但容易流失易使工件生锈，有时不易湿润工件。机油和变压器油黏度、流动性、附着力适当，对工件无腐蚀、价格也不贵。因此是目前在实验室里使用最多的耦合剂。

近年来，化学糨糊也常用来作耦合剂，耦合效果比较好，因其成本低、使用方便，故大量用于现场检测。

（2）影响声耦合的主要因素

影响声耦合的主要因素有：耦合层的厚度，耦合剂的声阻抗，工件表面粗糙度和工件表面形状。

（1）耦合层厚度的影响

如图5-5所示，耦合层厚度对耦合有较大的影响。当耦合层厚度为λ/4的奇数倍时，声效果差，耦合不好，反射回波低。当耦合层厚度为λ/2的整数倍或很薄时，透声效果好，反射回波高。

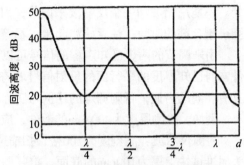

图5-5　耦合层厚度d对耦合的影响

（2）表面粗糙度的影响

工件表面粗糙度对声耦合有明显的影响。对于同一耦合剂，表面粗糙度大，耦合效果差，反射回波低。声阻抗低的耦合剂，随粗糙度的变大，耦合效果会降低的更快。但若粗糙度太小，即表面很光滑时，耦合效果将不会有明显增加，而且会使探头的吸附力大而移动困难。

一般要求工件检测面的粗糙度Ra不高于6.3μm。

（3）耦合剂声阻抗的影响

对于同一检测面，耦合剂声阻抗越大，耦合效果越好，反射回波也就越高。例如表面粗糙度Rz=100μm时，Z=2.43的甘油耦合回波比Z=1.5的水耦合回波高6～7 dB。

（4）工件表面形状的影响

若工件表面形状不同，耦合效果也不一样，其中平面耦合效果最好，凸曲面次之，凹曲面最差。因为常用探头表面为平面，与凸曲面接触为点接触或线接触，耦合效果变差。但是凹曲面，由于探头中心不接触，因此耦合效果更差。不同曲率半径的耦合效果也不相同，曲率半径越大，耦合效果越好。

5.3　纵波直探头检测技术

5.3.1　检测设备的调整

主要是对仪器进行扫描速度调整和检测灵敏度调整，以保证在确定的检测范围内发现规定尺寸的缺陷，并确定缺陷的位置和大小。

（1）时基线的调整

调整的目的：一是使时基线显示的范围足以包含需检测的深度范围；二是使时基线刻度与在材料中声传播的距离成一定比例，以便准确测定缺陷的深度位置。

调整的内容：一是调整仪器示波屏上时基线的水平刻度值τ与实际声程x（单程）的比例关系，即τ：x=1：n称为扫描速度或时基扫描线比例。它类似于地图比例尺，如扫描速度1：2表示仪器示波屏上水平刻度1 mm表示实际声程2 mm。通常扫描速度的调整是根据所需扫描声程范围确定的。二是扫描速度确定后，还需采用延迟旋钮，将声程零位设置在所选定的水平刻度线上，称为零位调节。通常接触法中，声程零位放在时基线的零点，时基线的读数直接对应反射回波的深度。

调节的一般方法是根据检测范围，利用已知尺寸的试块或工件上的两次不同反射波，通过调节仪器上的扫描范围和延迟旋钮，使两个信号的前沿分别位于相应的水平刻度值处。不能用始波和一个反射波来调节，因为始波与反射波之间的时间包括超声波通过保护膜、耦合剂的时间，注意始波起始点不等于工件中的距离零点，这样扫描速度误差大。

用来调节的两个已知声程的信号可以是同材料的试块中的人工反射体信号，也可是工件本身已知厚度的平行面的反射信号。需注意的是，调节扫描速度用的试块应与被检工件具有相同的声速，否则调定的比例与实际不符。

例如，检测厚度为400 mm的锻件，应如何调节扫描速度？

检测仪示波屏满刻度为100格，扫描速度可考虑调节为1：4。例如采用IIW试块，将探头对准试快上厚为100mm的底面，重复调节仪器上深度微调旋钮和延迟旋钮，使底波B2、B4分别对准水平50、100，这时扫描线水平刻度值与实际声程的比例正好为1：4，同时实现了声程零位和时基线零位的重合。

（2）检测灵敏度的调整

检测灵敏度是指在确定的声程范围内发现规定大小缺陷的能力。一般根据产品技术有关标准确定，可通过调节仪器上的增益、衰减器、发射强度等灵敏度旋钮来实现。

调整检测灵敏度的目的在于发现工件中规定大小的缺陷，并对缺陷定量。检测灵敏度过高或太低都对检测不利。灵敏度太高，示波屏上杂波多，缺陷判断困难。灵敏度太低，容易发生漏检。

调整检测灵敏度的常用方法有试块调整法和工件底波调整法两种。

①试块调整法　对于工件厚度x＜3N或不能获得底波时，采用试块调整法较为适合因为x＜3N时不符合计算法的适用条件，而且幅度随距离的变化不是单调的。

根据工件的厚度和对灵敏度的要求选择相应的试块，将探头对准试块上的人工反射体，调整仪器上的有关灵敏度旋钮，使示波屏上人工反射体的最高反射回波达到基准高度。在采用试块调整法必须考虑一个问题：试块的表面状态和材质衰减等是否与被检工件接近，在选取试块之后，必须考虑因两者的差异引起的反射波高差异值，并对灵敏度补偿。两者的差异称为传输修正值，其值的测定将在后面专门讲述。

例如：超声检测厚度为100 mm的锻件，检测灵敏度要求是：不允许存在Φ2 mm平底孔当量大小的缺陷，假定传输修正值为3 dB。

检测灵敏度的调整方法是：选用CS—2标准试块，该试块中有一位于100 mm深度Φ2mm平底孔。将探头对准Φ2 mm平底孔，仪器保留一定的衰减余量，将抑制旋钮调至"0"调衰减(或增益)旋钮使Φ2 mm平底孔的最高回波达80％或60％高。完成上述调整后，再用衰减(或增益)旋钮将幅度显示提高3 dB，以进行传输修正。

②工件底波调整法　利用试块调整灵敏度，操作简单方便，但需要加工不同声程、当量尺寸的试块，成本高，携带不便。同时还要考虑工件与试块因耦合和衰减不同进行补偿。如果利用工件底波来调整检测灵敏度，那么既不要加工任何试块，又不需要进行传输修正。工件底波调整法只能用于厚度x≥3N的工件，同时要求工件具有平行底面或圆柱曲底面，且底面光洁干净，如锻件检测。当底面粗糙或有水、油时，将使底面反射率降低，底波下降，这样调整的灵敏度将会偏高。

利用工件底波调整检测灵敏度是根据工件底面回波与同深度的人工缺陷(如平底孔)回波分贝差为定值的原理进行的，这个定值可以由理论公式计算出来。

$$\Delta = 20\lg \frac{P_B}{P_\phi} = 20\lg \frac{2\lambda x}{\pi D_f^2} \qquad\qquad x \geq 3N \qquad\qquad （5-1）$$

式中，x——工件厚度，mm；D_f——要求探出的最小平底孔尺寸，mm。

利用底波调整灵敏度时，将探头对准工件底面，仪器保留足够的衰减余量，一般 $\Delta +$（6~10）dB（考虑扫查灵敏度），将抑制旋钮调整至"0"，调增益旋钮使底波B1最高达到基准高度（如80%），然后用衰减器增益 Δ dB（即衰减余量减小 Δ dB）。

例如，用2.5P20Z（2.5 MHz ϕ20mm直探头）检测厚度 x=400mm的饼形钢制工件，钢中 C_L=5900 m／s，检测灵敏度为400 mm／ϕ2 mm平底孔（在400 mm处发现 ϕ2 mm平底孔缺陷）。

利用工件底波调整灵敏度的方法如下。

计算：利用理论计算公式算出400 mm处大平底与 ϕ2mm平底孔回波的分贝差 Δ 为：

$$\Delta = 20\lg \frac{P_B}{P_\phi} = 20\lg \frac{2\lambda x}{\pi D_f^2} = 20\lg \frac{2 \times 2.36 \times 400}{3.14 \times 2^2} = 43.5 \approx 44\text{dB} \qquad （5-2）$$

调整：将探头对准工件大平底面，调节衰减(或增益)旋钮使底波B1达80%；然后调节衰减（或增益）旋钮使幅度显示提高44 dB，这时 ϕ2 mm灵敏度就调好了，也就是说这时400 mm处的 ϕ2平底孔回波正好达基准高。如果为了粗探时便于发现缺陷，可调节衰减器旋钮使衰减量再减小6 dB作为扫查灵敏度。但当发现缺陷以后对缺陷定量时，衰减器应调回6 dB。

5.3.2 扫查

将一个探头放到工件上，其所产生的声束范围是它可以检测到的部分。扫查就是移动探头使声束覆盖到工件上需检测的所有体积的过程。因此，扫查的方式，包括探头移动方式、扫查速度、扫查间距等就是为保证扫查的完整而做出的具体规定。另外，为了保证缺陷的检出，防止因耦合不稳使缺陷显示幅度低而漏检，扫查时还常将调整好的仪器灵敏度再增益4~6dB，作为扫查灵敏度。但为避免噪声过高和近表面盲区增大，扫查灵敏度也不可任意增高。

（1）扫查方式，扫查方式按探头移动方向、移动轨迹来描述。纵波直探头检测的扫查方式一方面要考虑声束覆盖范围，另一方面，还要根据受检工件的形状、缺陷的可能取向和延伸方向，尽量使缺陷能够重复显现，并使动态波形容易判别。

根据工件的使用要求不同，有时要求对工件全部体积进行扫查，即探头在整个检测面上沿一定的方向移动，移动时相邻的间距需保证声束有一定重叠量，称为全面扫查；有时，则可以间隔较大的间距进行扫查，或只扫查工件的某些部位，称为局部扫查。

用双晶探头检测时，需要考虑扫查方向与隔声层方向平行或垂直进行。其扫查方法如图5-6所示。为了增加缺陷显现次数和反射幅度，检测细长形缺陷时，应使探头隔声层与缺陷主延伸方向平行，探头垂直于缺陷主延伸方向移动如图5-6（a）。测定缺陷纵向长度时，探头隔声层应与缺陷主延伸方向垂直放置，并沿缺陷的纵向移动如图5-6（b）。

对于体积大、形状复杂的工件，还可以将工件分成几个部分（区），分别进行扫查，称分区扫查。

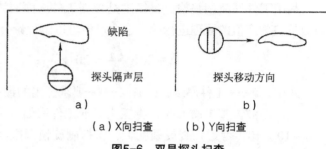

（a）X向扫查　　（b）Y向扫查

图5-6　双晶探头扫查

对于不同形状工件，有不同的扫查方式，如：对于圆盘形工件，多沿圆周方向在平表面进行扫查，沿径向等间隔前进；对于大型轴类，则常在外圆周作螺旋线扫查。

（2）扫查速度，扫查速度指的是探头在检测面上移动的相对速度。扫查速度应适当，在目视观察时应能保证缺陷回波能清楚地看到，在自动记录时，则要保证记录装置能有明确的记录。

扫查速度的上限与探头的有效声束宽度和重复频率有关。如果从发射脉冲发出到探头接收到缺陷回波的时间很短，这段时间内探头与工件相对运动的距离可以忽略不计。设重复频率为f，那么，一次触发后扫描持续的时间为$1/f$，。若扫描重复n次才能使人看清楚荧光屏上的缺陷回波信号，或者使记录仪明确地记录下缺陷回波信号，则需要的时间为$(1/f)n$，此期间内，缺陷应处在探头的有效直径D之下，则扫查速度v应为：

$$v \le =Df/n \tag{5-3}$$

n一般取3以上的数值。由此可见，如果探头的有效直径大，仪器的重复频率高，则扫查速度可以快一点。如果探头的有效直径小，仪器的重复频率低，则扫查速度必须放慢。

（3）扫查间距　扫查间距指的是相邻扫查线之间的距离(锯齿形扫查为齿距，螺旋扫查为螺距等)。扫查的间距通常根据探头的最小声束宽度来衡量，保证两次扫查之间有一定比例的覆盖。要求较高的工件，扫查间距常要求不大于探头有效声束宽度的二分之一或三分之一。对于板材等扫查面积大的工件，有时仅要求10%～20%的覆盖。

探头有效声束宽度的测定：

接触法检测时，根据探头的特点，选择检测深度范围中声束直径最小的深度处，取埋深与之相等并含有所要求直径的平底孔的试块，调节仪器，使平底孔反射波高为荧光屏满刻度的80%，然后找出探头沿平底孔直径方向移动时反射波高下降6 dB的两点间的距离，此距离即为探头有效声束宽度。

5.3.3　缺陷的评定

当超声检测发现缺陷显示信号之后，要对缺陷进行评定，以判断是否危害使用。缺陷评定的内容主要是缺陷位置的确定和缺陷尺寸的评定。缺陷位置的确定包括缺陷平面位置和埋藏深度的确定；缺陷尺寸的评定包括缺陷回波幅度的评定、当量尺寸的评定和缺陷延伸长度（或面积）的测量。

（1）缺陷位置的确定

1）缺陷平面位置的确定，纵波直探头检测时，发现缺陷后，首先找到缺陷波为最大幅度的位置，则缺陷通常位于探头的正下方。由于声束通常有一定的宽度，这种方法确定的缺陷平面位置并不是十分精确的。

确定平面位置时需考虑探头声束是否有偏离，如果在近场区，需考虑是否有双峰，这些因素可能使得信号幅度最大时，缺陷不在探头的正下方。

水浸法检测时，由于探头不直接与检测面接触，要获得缺陷在工件上的平面位置有一定难度，特别是水槽或工件较大时，操作者无法在工件表面上做出标记。因此，常常需要在水浸检测发现缺陷后，用接触法进行定位。C扫描检测时，若图像有明确的起始点，则可通过图像上的相对距离确定。

2）缺陷埋藏深度的确定，用纵波直探头进行直接接触法检测时，如果超声检测仪的基线是按1：n的比例调节的，观察到缺陷回波前沿所对的水平刻度值为 τ_f，则缺陷至探头的距离X_f为：

$$X_f = n\tau_f \tag{5-4}$$

例如：用纵波直探头检测，时基线比例为1：2，在水平刻度50mm处有一缺陷回波，则缺陷至探头的距离$X_f = 50 \times 2 = 100$mm。

（2）缺陷尺寸评定

在实际检测中，由于自然缺陷的形状、性质等是多种多样的，要通过超声回波信号确定缺陷的真实尺寸还是比较困难的。目前主要是利用来自缺陷的反射波高、沿工件表面测出的缺陷延伸范围以及存在缺陷时底面回波的变化等信息，对缺陷的尺寸进行评定。评定的方法包括回波高度法、当量评定法和长度测量法。当缺陷尺寸小于声束截面时，可用缺陷回波幅度当量直接表示缺陷的大小；当缺陷大于声束截面时，幅度当量不能表示出缺陷的尺寸，则需用缺陷指示长度测定方法确定缺陷的延伸长度。

1）回波高度法　根据回波高度给缺陷定量的方法称为回波高度法。回波高度法有缺陷回波高度法和底面回波高度法两种。常把回波高度法称为波高法。

①缺陷回波高度法　在确定的检测条件下，缺陷的尺寸越大，反射声压越大。对于垂直线性好的仪器，声压与回波高度成正比，因此，缺陷的大小可以用缺陷回波高度来表示。

缺陷回波高度的一种表示方法是，在调定的灵敏度下，缺陷回波峰值相对于荧光屏垂直满刻度的百分比，时基线位于垂直零位时，可由垂直刻度线直接读出。另一种表示方法是用回波峰值下降或上升至基准高度所需衰减（或增益）的分贝数来表示缺陷回波的高度，在调定的灵敏度下，回波高于基准高度记为正分贝，回波低于基准高度记为负分贝。

缺陷回波高度法在自动化或半自动化检测时十分方便。在实际检测时，用规定的反射体调好检测灵敏度后，以缺陷回波高度是否高于基准回波高度，作为判定工件是否合格的依据，通过闸门高度的设定，可以进行自动报警与记录。

②底面回波高度法。当工件上、下面与入射声束垂直且缺陷反射面小于入射声束截面时可用底面回波高度法。

当工件中有缺陷时，由于部分声能被缺陷反射，使传到底面的声能减小，从而底面回波高度比无缺陷时降低。底面回波高度降低的多少与缺陷的大小有关，缺陷越大，底面回波高度下降得越多；反之，缺陷越小，底面回波高度下降的越少。因此，可用底面回波高度来表示缺陷大小。

底面回波高度法表示缺陷相对大小可有以下不同的方法：

a. B/B_F法，B/B_F法就是在一定的检测灵敏度条件下，用无缺陷时的工件底面回波高度B与有缺陷时的工件底面回波高度B_F相比较来确定缺陷相对大小的方法。检测时，观察工件底面回波的降低情况，缺陷的大小用B/B_F值来表示。无缺陷时，B/B_F值为1，有缺陷时B/B_F值大于1，B/B_F值越大，则缺陷越大。

b. F/B_F法，F/B_F法就是用缺陷回波的高度F与缺陷处工件底面回波的高度B_F相比较来确定缺陷相对大小的方法。缺陷的存在使得底波降低，缺陷越大，则F越高，B_F越低。缺陷的大小用F/B_F值来表示，F/B_F值越大，缺陷越大。与B/B_F值相比，F/B_F值不仅和缺陷面积有关，还和缺陷的反射情况有关。

c. F/B法，F/B法是用缺陷回波的高度F与无缺陷处工件底面回波的高度B相比较来确定缺陷相对大小的方法。这种方法底波高度B是一个不变的量，同样的工件，F/B值仅与缺陷回波高度有关。

底面回波高度法的优点是不需要对比试块和复杂的计算，而且可利用缺陷的阴影对缺陷大小进行评价，有助于检测因缺陷形状、反射率等原因使反射信号较弱的大缺陷。底波高度降低主要与缺陷的大小有关。

底面回波高度法的缺点是不能明确地给出缺陷的尺寸，未考虑缺陷深度、声束直径等对检测结果的影响。因此，底波高度法常用于对缺陷定量要求不严格的工件或粗略评定工件质量的情况。底面回波高度法不适用于对形状复杂而无底面回波的工件进行检测。

2）当量评定法，当量评定法是将缺陷的回波幅度与规则形状的人工反射体的回波幅度进行比较的方法，如果两者的埋深相同，反射波高相等，则称该人工反射体的反射面尺寸为缺陷的当量尺寸，典型表述为：缺陷当量平底孔尺寸为$\phi2mm$，或缺陷尺寸为$\phi2mm$平底孔当量。当量评定法适用于面积小于声束截面的缺陷的尺寸评定。

当量评定法的理论基础是第3章所讲的规则反射体回波声压规律。但是由于影响缺陷反射回波幅度的因素很多，所以当量法确定的当量尺寸并不是缺陷的真实尺寸。因为人工反射是一个规则形状缺陷，且界面反射率较大，通常情况下实际缺陷的实际尺寸要大于当量值。

当量评定的方法有试块对比法、当量计算法和AVG曲线法。

①试块对比法。 试块对比法是将缺陷波幅度直接与对比试块中同声程的人工反体回波幅度相比较，两者相等时以该人工反射体尺寸作为缺陷当量。如人工反射为$\phi2mm$平底孔时，称缺陷当量尺寸为$\phi2mm$平底孔当量。若缺陷波高与人工反射体的反射波高不相等，则以人工反射体尺寸和缺陷波幅度高于或低于人工反射体回波幅度的分贝数表示，如：$\phi2+3dB$平底孔当量，表示缺陷幅度比$\phi2mm$平底孔反射幅度高3dB。

采用试块对比法给缺陷定量时，要保持检测条件相同，即所用试块的材质、表面粗糙度和形状等都要与被检工件相同或相近，试块中平底孔的埋深应与缺陷的埋深相同，并且所用的仪器、探头和对探头施加的压力等也要相同。仪器应调整使回波易于比较，如波高可为荧光屏满刻度的50%～80%。如果缺陷的埋深与所用对比试块中平底孔的埋深不同，则可用两个埋深与之相近的平底孔，用插值法进行评定。

试块对比法的优点是明确直观，结果可靠，又不受近场区的限制，对仪器的水平线性和垂直线性要求也不高，因此，对于要求给缺陷回波幅度准确定量的重要工件或要在X<3N情况下给缺陷定量时常采用试块对比法。

试块对比法的缺点是，要制作一系列含不同声程不同直径人工缺陷的试块，现场检测时，携带和使用都很不方便。解决的办法是，采用与实际检测相同的探头与检测条件，预先将检测用对比试块测定好实用AVG曲线，在现场检测时，则可以仅携带少量试块调整仪器灵敏度，再根据曲线评定缺陷当量。这种方法可以解决现场操作的不便，但制作对比试块的工作不能省略。

②当量计算法。当量计算法是根据超声检测中测得的缺陷回波与基准波高(或底波)的分贝差值，利用各种规则反射体的理论回波声压公式进行计算，求出缺陷当量尺寸的定量方法。当量计算法的依据是各种反射体反射回波声压与反射体尺寸、距晶片距离的理论关系，以及大平底面反射与距离之间的理论关系。计算法应用的前提是缺陷位于3倍近场长度以外。

③AVG曲线法。纵波直探头检测时，可用平底孔AVG曲线确定缺陷当量。AVG曲线法的优点是不需要大量的试块，也不需要烦琐地计算。用AVG曲线法评定缺陷当量时，可以用通用AVG曲线，也可以用实用AVG曲线。

用AVG曲线给缺陷定量的原理与当量计算法相同，首先要测出缺陷回波幅度相对于某一基准反射体回波幅度的分贝差，基准可以是工件的底面回波，也可以是试块上的规则反射体回波。根据测得的分贝差，在曲线图上可查出缺陷的当量尺寸。

3）缺陷延伸长度的测定，对于面积大于声束截面或长度大于声束截面直径的缺陷，可根据可检测到缺陷的探头移动范围来确定缺陷的大小，通常称为缺陷指示长度的测定。

缺陷指示长度测定的原理是：当声束整个宽度全部入射到大于声束截面的缺陷上时，缺陷的反射幅度为其最大值，而当声束的一部分离开缺陷时，缺陷反射面积减小，回波幅度降低，完全离开时，缺陷回波不再显现，这样，就可以根据缺陷最大回波高度降低的情况和探头移动的距离来确定缺陷的边缘范围或长度。实际检测时，缺陷的回波高度完全消失的临界位置是难以界定的，所以，按规定的方法测定的缺陷长度称为缺陷的指示长度。由于实际工件中缺陷的取向、性质、表面状态等都会影响缺陷回波高度，因此缺陷的指示长度总是与缺陷的实际长度有一定的差别。

根据测定缺陷长度时的灵敏度基准不同，可以将测长法分为相对灵敏度法、绝对灵敏度法和端点峰值法。

①相对灵敏度测长法。相对灵敏度测长法是以缺陷最高回波为相对基准，沿缺陷的长度方向移动探头，降低一定的dB值来测定缺陷的长度。降低的分贝值有3 dB、6 dB、10 dB、12 dB、20 dB等几种。

相对灵敏度测长法的操作过程是，发现缺陷回波时，找到缺陷最大回波高度，以此为基准，然后沿缺陷长度方向的一侧移动探头，使缺陷回波下降到相对于最大高度的某一确定值，记下此时的探头位置。再沿着相反的方向移动探头，使缺陷回波在另一侧下降到同样高度时，记下探头的位置。量出两个位置间探头移动的距离，即为缺陷的指示长度。

根据缺陷回波相对于其最大高度降低的dB值，相对灵敏度测长法使用较多的是6 dB法和端点6 dB法。

a. 6 dB法（半波高度法）：由于波高降低6 dB后正好为原来的一半，因此6 dB法又称为半波高度法。

半波高度法具体做法是：移动探头找到缺陷的最大反射波（调节增益或衰减使其不能达到100%），然后沿缺陷方向左右移动探头，当缺陷波高降低一半时，探头中心线之间距离就是缺陷的指示长度。

6 dB法的具体做法是：移动探头找到缺陷的最大反射波后，调节衰减器，使缺陷波高降至基准波高。然后用衰减器将仪器灵敏度提高6 dB，沿缺陷方向移动探头，当缺陷波高降至基准波高时，探头中心线之间距离就是缺陷的指示长度。如图5-7所示。

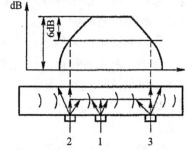

图5-7 半波高度法（6 dB法）测长

半波高度法（6 dB法）是用来对缺陷测长度常用的一种方法。适用于测长扫查过程中缺陷波只有一个高点的情况。

b. 端点6 dB法（端点半波高度法）：当扫查过程中缺陷反射波有多个高点时，测长采用端点6 dB法。

端点6 dB法测长的具体做法是：当发现缺陷后，探头沿着缺陷方向左右移动，找到缺陷两端的最大反射波，分别以这两个端点反射波高为基准，继续向左、向右移动探头，当端点反射波高降低一半时（即6dB时），探头中心线之间的距离即为缺陷的指示长度，如图5-8所示。

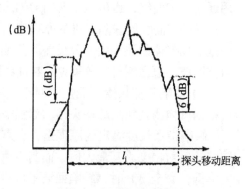

图5-8 端点6 dB法测长

半波高度法和端点6 dB法都属于相对灵敏度法，因为它们是以被测缺陷本身的最大反射波或以缺陷本身两端最大反射波为基准来测定缺陷长度的。

②绝对灵敏度测长法。如图5-9所示。绝对灵敏度测长法是在仪器灵敏度一定的条件下，探头沿缺陷长度方向平行移动，当缺陷波高降到规定位置时如图5-9中的B线，将此时探头移动的距离作为缺陷的指示长度。

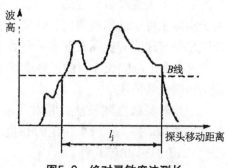

图5-9 绝对灵敏度法测长

绝对灵敏度测长法测得的缺陷指示长度与测长灵敏度有关。测长灵敏度高，缺陷长度越大。在自动检测中常用绝对灵敏度法测长。

③端点峰值法。探头在测长扫查过程中，如发现缺陷反射波峰值起伏变化，有多个高点时，则可以将缺陷两端反射波极大值之间探头的移动长度作为缺陷指示长度，如图5-10所示。这种方法称为端点峰值法。

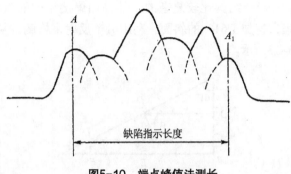

图5-10　端点峰值法测长

端点峰值法测得的缺陷长度比端点6 dB法测得的指示长度要小一些。同样，端点峰值基适用于测长扫查过程中，缺陷反射波有多个高点的情况。

5.3.4　非缺陷回波的判别

纵波直探头法超声检测中，除了始波、底波和缺陷波外，常常还会出现一些其他的信号波，如迟到波、三角反射波、61°反射波以及其他原因引起的非缺陷回波等，这些信号波将影响到对缺陷波的正确判别。因此，分析和了解常见非缺陷回波产生的原因和特点是十分必要的。

（1）迟到波

如图5-11所示，当纵波直探头置于细长（或扁长）工件或试块上时，扩散纵波波束在侧面壁产生波型转换，转换为横波，此横波在另一侧面又转换为纵波，最后经底面反射回到探头被探头接收，从而在示波屏上出现一个回波。由于转换的横波声程长，波速小，传播时较直接从底面反射的纵波

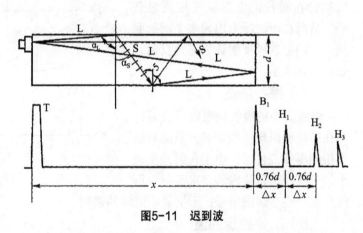

图5-11　迟到波

长，因此，转换后的波总是出现在第一次底波B1之后，故称为迟到波。又由于变形横波可能在两侧壁产生多次反射，每反射一次就会出现一个迟到波，因迟到波往往有多个，如图5-11中的H₁、H₂、H₃。

迟到波总是位于B1之后，并且位置特定，此点可作为对迟到波的判别依据。在实际检测中，当探头置于IIW或CSKA-IA试块上并对准100 mm厚的底面时，在各次底波之间出现一系列的波就是这种迟到波。

（2）61°反射

当探头置于如图5-12所示的直角三角形工件时，会在示波屏上出现位置特定的反射波。

对于结构比较复杂的工件，如焊接结构的汽轮机大轴，为了有效地检测焊缝根部缺陷，特加工61°的斜面，利用61°反射来检测，从而获得较高的检测灵敏度。如图5-12、5-13所示。

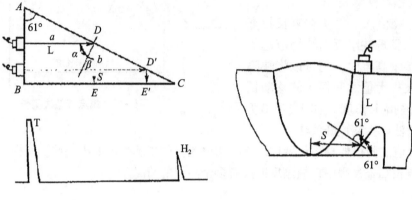

图5-12 61°反射

图5-13 61°反射的应用

（3）三角反射

纵波直探头径向检测实心圆柱时，由于探头平面与柱面接触面积小，使波束扩散角增加，这样扩散波束就会在圆柱面上形成三角反射路径，从而在示波屏上出现多个反射回波，人们把这种反射称为三角反射。如图5-14所示。

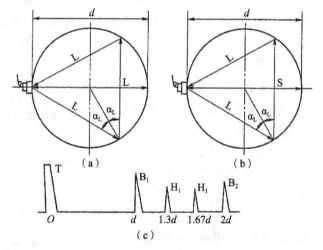

（4）探头杂波

当探头中的吸收块吸收不良时，会在始波后出现一些杂波。双晶直探头检测厚壁工件时，由于入射角比较小，声波在延迟块内的多次反射也可能产生一些非缺陷信号，干扰缺陷回波的判别。

图5-14 三角反射

（5）工件轮廓回波

当超声波射达工件的台阶、螺纹等轮廓时在示波屏上将引起一些轮廓回波。如图5-15所示。

（6）幻象波

超声检测中，提高重复频率可提高单位时间扫描次数，增强示波屏显示的亮度。但当重复频率过高时，第一个同步脉冲回波尚未消失，第二个同步脉冲又重新扫描。这样在示波屏上就会产生幻象波，影响缺陷波的判别。降低重复频率，幻象波消失。目前生产的新型超声波检测

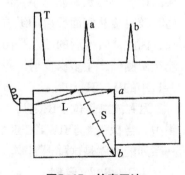

图5-15 轮廓回波

仪，重复频率与深度范围同步调节，设计时考虑了重复频率与工件厚度的关系，一般不会产生幻象波。

（7）侧壁干涉波

侧壁干涉对检测的影响：纵波直探头检测时，探头若靠近侧壁，则经侧壁反射的纵波或横波与直接传播的纵波相遇产生干涉，对检测带来不利影响。如图5-16所示曲线表示探头至侧壁3种不同距离时缺陷回波波高与至侧壁距离的关系。由图5-16可以看出，对于靠近侧壁的缺陷，探头靠近侧壁正对缺陷检测

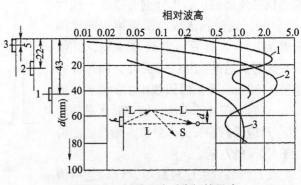

图5-16　侧壁干涉对声场的影响

缺陷回波低，探头远离侧壁检测反而缺陷回波高。当缺陷的位置给定时，存在一个最佳的探头位置，使缺陷回波最高，但这个最佳探头位置总是偏离缺陷。这说明由于侧壁干涉的影响，改变了探头的指向性，缺陷最高回波不在探头轴线上，这样不仅会影响缺陷定位，而且会影响缺陷定量。

5.4　横波斜探头检测技术

5.4.1　检测设备的调节

（1）探头入射点和折射角的测定

由于有机玻璃楔块容易磨损，所以在每次检测前应进行入射点和折射角的测定。

（2）扫描速度的调节

如图5-17所示，横波检测时，缺陷位置可由折射角β和声程x来确定，也可由缺陷的水平距离S和深度d确定。

一般横波扫描速度的调节方法有3种：声程调节法、水平调节法和深度调节法。

1）声程调节法　声程调节法是使示波屏上的水平刻度值τ与横波声程x成比例，即$\tau : x=1:n$。这时仪器示波屏上直接显示横波声程。

按声程调节横波扫描速度可在IIW、CSKA—IA、IIW2、半圆试块以及其他试块或工件上进行。

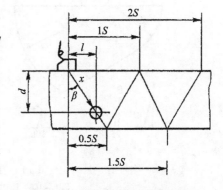

图5-17　横波检测缺陷位置的确定

①利用IIW试块或CSKA–IA试块调节　IIW试块R100 mm圆心处未切槽，因此横波不能在R100 mm圆弧面上形成多次反射，这样也就不能直接利用R100 mm来调节横波扫描速度。但IIW试块上有91 mm尺寸，钢中纵波声程91 mm相当于横波声程50 mm的时间。因此利用91 mm可以调节横波扫描速度。

下面以横波1∶1为例进行说明。如图5-18所示，先将直探头对准91 mm底面，调节仪器使底波B_1、B_2分别对准水平刻度50、100，这时扫描线与横波声程的比例正好为1∶1。然后换上横波探头，并使探头入射点对准R100 mm圆心，调脉冲移位使R100 mm圆弧面回波B对准水平刻度100，这时零位才算校准。即这时水平刻度"0"对应于斜探头的入射点，始波的前沿位于"0"的左侧。

以上调节方法比较麻烦，针对这一情况，我国的CSKA—IA试块在R100圆弧处增加了一个R50的同心圆弧面，这样就可以将横波探头直接对准R50和R100圆弧面，使回波B_1（R50）对50，B2（R100）对100，于是横波扫描速度1∶l和"0"点同时调好校准。

②利用IIW2和半圆试块调节，当利用IIW2和半圆试块调横波扫描速度时，要注意它门的反射特点。探头对准IIW2试块R25圆弧面时，各反射波的间距为25 mm、75 mm、75mm、⋯，对准R50圆弧面时，各反射波间距为50 mm、75 mm、75 mm、⋯。探头对准R50半圆试块（中心为切槽）的圆弧面时，各反射波的间距离为50 mm、100 mm 、100 mm⋯

下面说明横波1∶1扫描速度的调整方法。

利用IIW2试块调整：探头对准R25圆弧面，调节仪器使B1、B2分别对准水平刻度25、100即可，如图5-19（a）所示。

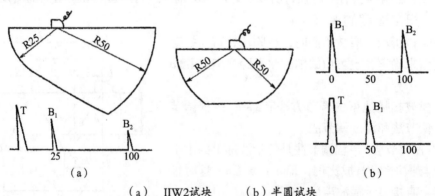

（a） IIW2试块 （b）半圆试块

图5-19 用IIW2和半圆试块按声程调扫描速度

利用R50半圆试块调：探头对准R50圆弧面，调节仪器使B_1、B_2分别对准水平刻度0、100，然后调"脉冲移位"使B1对准50即可，如图5-19（b）所示。

2）水平调节法，水平调节法是指示波屏上水平刻度值τ与反射体的水平距离l成比例即，τ∶l=1∶n。这时示波屏水平刻度值直接显示反射体的水平投影距离（简称水平距离），这种方法多用于薄板工件焊缝横波检测。

按水平距离调节横波扫描速度可在CSKA—IA试块、半圆试块、横孔试块上进行。

①利用CSK—IA试块调节先计算R50、R100对应的水平距离l_1、l_2：

$$\begin{cases} l_1 = \dfrac{50K}{\sqrt{1+K^2}} \\[3mm] l_2 = \dfrac{100K}{\sqrt{1+K^2}} = 2l_1 \end{cases}$$ （5-4）

式中，K——斜探头的K值（实测值）。

然后将探头对准R50、R100，调节仪器使B_1、B_2分别对准水平刻度l_1、l_2。当$K=1.0$时，$l_1=35$ mm，$l_2=70$ mm，若使B_1、B_2分别对准35、70，则水平距离扫描速度为1∶1。

②利用R50半圆试块调节先计算B_1、B_2对应的水平距离l_1、l_2：

$$\begin{cases} l_1 = \dfrac{KR}{\sqrt{1+K^2}} \\[3mm] l_2 = \dfrac{3KR}{\sqrt{1+K^2}} = 3l_1 \end{cases}$$ （5-5）

然后将探头对准R50圆弧，调节仪器使B_1、B_2分别对准水平刻度值l_1、l_2。当$K=1.0$时，$l_1=35$ mm，$l_2=105$ mm。先使B_1、B_2分别对准0、70，再调脉冲移位"使B_1对准35，则水平距离扫描速度为1∶1。

③利用横孔试块调节　以CSKA—ⅢA试块为例。

设探头的$K=1.5$，并计算深度为20 mm、60 mm的$\Phi 1$ mm × 6 mm横孔对应的水平距l_1、l_2：

$$l_1 = Kd_1 = 1.5 \times 20 = 30$$
$$l_2 = Kd_2 = 1.5 \times 60 = 90$$

调节仪器使深度为20 mm、60 mm的$\Phi 1x$ 6 mm横孔的回波H_1、H_2分别对准水平刻度30、90，这时水平距离扫描速度1∶1就调好了。需要指出的是，这里H_1、H_2不是同时出现的，当H_1对准30时，H_2不一定正好对准90，因此往往要反复调试，直至H_1对准30，H_2正好对准90。

3）深度调节法，深度调节法是使示波屏上的水平刻度值τ与反射体深度d成比例，即τ∶$d=1$∶n，这时示波屏水平刻度值直接显示深度距离。常用于较厚工件焊缝的横波检测。

按深度调节横波扫描速度可在CSKA—IA试块、半圆试块和CSKA—ⅢA试块等试块上调节。

①利用CSK—IA试块调节先计算R50 mm、R100 mm圆弧反射波B_1、B_2对应的深d_1、d_2如：

$$\begin{cases} d_1 = \dfrac{R50}{\sqrt{1+K^2}} \\[3mm] d_2 = \dfrac{R100}{\sqrt{1+K^2}} = 2d_1 \end{cases}$$ （5-6）

然后调节仪器使B_1、B_2分别对准水平刻度值d_1、d_2。当$K=2.0$时，$d_1=22.4\text{mm}$、$d_2=44.8\text{mm}$，调节仪器使B_1、B_2分别对准水平刻度22.4、44.8，则深度1：1就调好了。

②利用R50半圆试块调节，先计算半圆试块B_1、B_2对应的深度d_1、d_2。

$$\begin{cases} d_1 = \dfrac{R}{\sqrt{1+K^2}} \\ d_2 = \dfrac{3R}{\sqrt{1+K^2}} = 3d_1 \end{cases} \tag{5-7}$$

然后调节仪器使B_1、B_2分别对准水平刻度值d_1、d_2即可，这时深度1：1调好。

③利用横孔试块调节，探头分别对准深度$d_1=40\text{ mm}$，$d_2=80\text{ mm}$的CSKA—ⅢA试块上的$\Phi 1\text{ mm}\times 6\text{ mm}$横孔，调节仪器使$d_1$、$d_2$对应的$\Phi 1\text{ mm}\times 6\text{ mm}$横孔回波$H_1$、$H_2$分别对准水平刻度40、80，这时深度1：1就调好了。这里同样要注意反复调试，使H_1对准40时的H_2正好对准80。

（3）距离—波幅曲线的制作和灵敏度调整

横波距离—波幅曲线是相同大小的反射体随距探头距离的变化其反射波高的变化曲线。需采用检测用的特定探头，在含不同深度人工反射体的试块上实测（如CSKA—ⅢA试块）横波距离—波幅曲线。根据时基线调节的3种方法，距离—波幅曲线也可按声程、水平距离和深度绘制。

在横波检测中常采用距离—波幅曲线进行缺陷尺寸的评定，尤其在焊缝检测中使用极为广泛，并形成了一定的通用做法，在标准中也有相应的规定。焊缝检测距离—波幅曲线的具体做法将在焊缝检测技术的章节中介绍。

（4）传输修正值的测定和补偿

横波斜探头法灵敏度的调整采用试块法，传输修正值包括两者间材料的材质衰减以及工件表面粗糙度和耦合状态引起的表面声能损失。此处考虑试块和被检工件表面损失的差异，要求试块与工件材质衰减相同。可用单探头法测定，也可用双探头法测定。

1）单探头法测定采用和工件相同厚度试块，测定方法如图5-20所示。

①将探头放在试块上，移动探头使试块棱角A处的反射波达到最高，并调节增益旋钮和衰减器旋钮，使其达到基准高度（如满刻度60%），记录下此时的衰减器读数V1。

②将探头放到工件上与试块相应的位置上，移

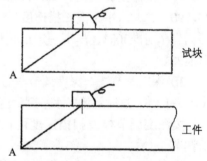

图5-20 单探头法测传输修正值

动探头使工件A处的反射波最高。调节衰减器旋钮，使反射波高度达到基准高度（满刻度的60%），记录下此时的衰减器读数V2。

③计算传输修正值：

$\Delta\text{dB} = V_1 - V_2$（衰减型）

$\Delta\text{dB} = V_2 - V_1$（增益型）

ΔdB即为传输修正值。ΔdB为正值，表示工件的表面损失大于试块，调整灵敏度时应提高增益；ΔdB为负值，表示工件的表面损失小于试块，调整灵敏度时应降低增益。

2）双探头法测定，斜入射检测用一发一收的双探头法来测定传输修正值，可以采用与工件厚度相同的试块，也可以采用与工件厚度不同的试块。

①工件与试块的厚度相同如图5-21所示，将探头相对放置，当发射探头发出的声波经底面一次反射后被接收探头接收到的信号幅度为最大时，两探头间距恰为声波经一次底面反射之后到达表面的点与发射探头入射点之间的水平距离，这一距离称为一个跨距，用1P表示。

②依次测出在试块和工件上底面的回波幅度值，其分贝差即为传输修正值。测试步骤和传输修正值的计算方式与单探头测定相同。

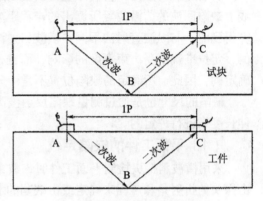

图5-21　双探头测传输修正值
（工件与试块的厚度相同）

5.4.2　扫查

横波斜探头扫查时，扫查速度和扫查间距的要求与纵波检测时相似。但扫查方式有其独特点，不仅要考虑探头相对于工件的移动方向、移动轨迹，还要考虑探头的朝向。声束方向是根据拟检测缺陷的取向确定的，声束方向确定之后，探头移动就有了前后左右之分。

4种基本的扫查方式如图5-22所示。通常前后左右扫查用于发现缺陷的存在，寻找缺陷的最大峰值，左右扫查可用于缺陷横向长度的测定，转动扫查和环绕扫查则为了确定缺陷的形状。

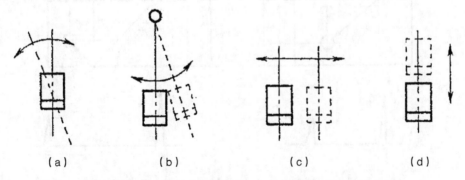

（a）转动扫查　（b）环绕扫查　（c）左右扫查　（d）前后扫查
图5-22　斜探头的扫查方式

根据基本扫查方式的不同组合，扫查方式可分为两大类：锯齿形扫查和栅格扫查。前者适用于手工检测，而后者主要适用于自动检测。

5.4.3 缺陷的评定

斜探头横波检测中缺陷的评定包括缺陷水平位置和垂直深度的确定以及缺陷的尺寸评定。

缺陷的水平位置和垂直深度是根据缺陷反射回波幅度最大时，在经校准的荧光屏时基线上缺陷回波的前沿位置所读出的声程距离或水平、垂直距离，再按已知的探头折射角计算得到的。与纵波直射法不同，横波斜射法时基线上最大峰值的位置是在探头移动中确定的，定位准确度受声束宽度的影响，而且，多数缺陷的取向、形状、最大反射部位也是不确定的，因此，所确定的缺陷位置不是十分精确。

缺陷的尺寸也是通过测量缺陷反射波高与基准反射体回波波高之比，以及测定缺陷延伸长度来进行评定的。

（1）平面工件的缺陷定位

采用横波斜探头检测平面工件时，波束轴线在检测面处发生折射，工件中缺陷的位置由探头的折射角和声程来确定或由缺陷的水平和垂直方向的投影来确定。由于扫描速度可按声程、水平、深度来调节，因此缺陷定位的方法也不一样。下面分别加以介绍。

1）按声程调节扫描速度时，仪器按声程1：n调节横波扫描速度，缺陷波水平刻度为 τ_f。

一次波检测时，如图5-23（a）所示，缺陷至入射点的声程 $X_f=n\tau_f$，如果忽略横孔直径，则缺陷在工件的水平距离 L_f 和深度 d_f 分别为：

$$\begin{cases} l_f = x_f \sin\beta = n\tau_f \sin\beta \\ d_f = x_f \cos\beta = n_f\tau \cos\beta \end{cases} \qquad (5-8)$$

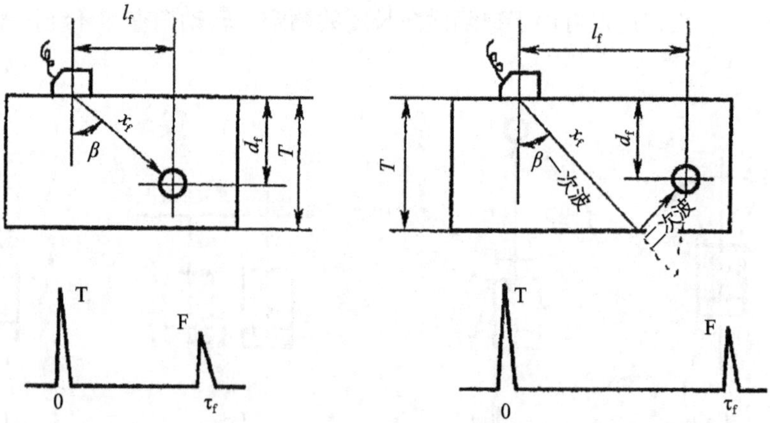

（a）一次波 （b）二次波

图5-23 横波检测缺陷定位

二次波检测时，如图5-23（b）所示缺陷至入射点的声程 $X_f=n\tau_f$，则缺陷在工件中的水平距离 l_f 和深度 d_f 为：

$$\begin{cases} l_f = x_f \sin\beta = n\tau_f \sin\beta \\ d_f = 2T - x_f \cos\beta = 2T - n\tau_f \cos\chi\beta \end{cases} \quad （5-9）$$

式中，T——工件厚度，mm；β——探头横波折射角。

2）按水平调节扫描速度时，仪器按水平距离1：n调节横波扫描速度，缺陷波的水平刻度值为τ_f，采用K值探头检测。

一次波检测时，缺陷在工件中的水平距离l_f和深度d_f为：

$$\begin{cases} l_f = n\tau_f \\ d_f = \dfrac{l_f}{K} = \dfrac{n\tau_f}{K} \end{cases} \quad （5-10）$$

二次波检测时，缺陷在工件中的水平距离l_f和深度d_f为：

$$\begin{cases} l_f = n\tau_f \\ d_f = 2T - \dfrac{l_f}{K} = 2T - \dfrac{n\tau_f}{K} \end{cases} \quad （5-11）$$

【例】　用K2横波斜探头检测厚度T=15 mm的钢板焊缝，仪器按水平1：1调节横波扫描速度，检测中在水平刻度τ_f=45处出现一缺陷波，求此缺陷的位置。

解：由于$KT=2\times15=30$，$2KT=60$，$KT<\tau_f=45<2KT$，因此可以判定此缺陷是二次波发现的。那么缺陷在工件中的水平距离l_f和深度d_f为：

$$\begin{cases} l_f = n\tau_f = 1\times45 = 45 （mm） \\ d_f = 2T - \dfrac{l_f}{K} = 2\times15 - \dfrac{45}{2} = 7.5 （mm） \end{cases}$$

3）按深度调节扫描速度时，仪器按深度1：n调节横波扫描速度，缺陷波的水平刻度值为τ_f，采用K值探头检测。

一次波检测时，缺陷在工件中的水平距离l_f和深度d_f为：

$$\begin{cases} l_f = Kn\tau_f \\ d_f = n\tau_f \end{cases} \quad （5-12）$$

二次波检测时，缺陷在工件中的水平距离l_f和深度d_f为：

$$\begin{cases} l_f = Kn\tau_f \\ d_f = 2T - n\tau_f \end{cases} \quad （5-13）$$

例如：用K1.5横波斜探头检测厚度T=30 mm的钢板焊缝，仪器按深度1：1调节横波扫描速度，检测中在水平刻度τ_f=40处出现一处缺陷波，求此缺陷位置。

解：由于$T<\tau_f<2T$，因此可以判定此缺陷是二次波发现的。缺陷在工件中的水平距离l_f和深度d_f为

$$\begin{cases} l_f = Kn\tau_f = 1.5\times1\times40 = 60 （mm） \\ d_f = 2T - n\tau_f = 2\times30 - 1\times40 = 20 （mm） \end{cases}$$

（2）圆柱曲面工件的缺陷定位

当采用横波斜探头检测圆柱曲面时，若沿轴向检测，缺陷定位与平面相同；若沿周向检测，缺陷定位则与平面不同。下面分外圆和内壁检测两种情况加以讨论。

1）外圆周向检测如图5-24（a）所示，外圆周向检测圆柱曲面时，缺陷的位置由深度 H 和弧长 L 来确定，显然 H、弧长 L 与平面工件中缺陷的深度 d 和水平距离 l 是有较大差别的。

2）内壁周向检测如图5-24（b）所示，内壁周向检测圆柱曲面时，缺陷的位置由深度 h 和弧长 l 来确定，这里的 h、弧长 l 与平面工件中缺陷的深度 d 和水平距离 l 也是有较大差别的。

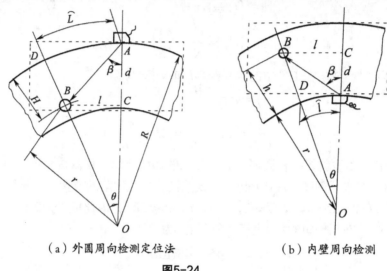

（a）外圆周向检测定位法　　　　　　　　（b）内壁周向检测

图5-24

（3）缺陷定量

横波斜探头法对缺陷的定量包括缺陷回波幅度和指示长度两个参数。

回波幅度依据的是规则反射体的回波幅度与缺陷尺寸的关系，常用实测距离—波幅曲线进行评定。

缺陷指示长度也是缺陷评定的重要指标，同纵波直探头检测技术，其测长方法也有相对灵敏度法、绝对灵敏度法和端点峰值法。

（4）非缺陷回波的判定

与纵波直探头一样，横波斜探头也会产生一些非缺陷回波，而且比纵波检测还要多。

1）工件轮廓回波，当超声波射达工件的台阶、螺纹等轮廓时在示波屏上将引起一些轮廓回波。条件允许时可用手指沾油触摸法来鉴别工件轮廓回波。

2）端角反射波，超声波在两个平面构成的直角处将产生端角反射波。比如，在对焊缝进行超声检测时，其根部可能产生的回波信号很复杂，既可能有根部焊接缺陷产生的回波也可能有焊缝内成型（内凸或内凹）或错边引起的端角反射波。检测时应注意动态波形的特点加以区分。

3）探头杂波，当探头吸收块吸收不良时，会在始波后出现一些杂波。当斜探头有机玻璃斜设计不合理时，声波在有机玻璃内反射回到晶片，也会引起一些杂波。可以采用更换探头的方法来鉴别探头杂波。

4）表面波，斜探头产生的表面波在表面传播时，遇到拐角处或表面凹坑就会产生反射，用手指按探头前面的工件表面，可看出信号幅度的变化。

5）幻象波，当重复频率过高时，在示波屏上就会产生幻象波，影响缺陷波的判别。降低重复频率，幻象波消失。

6）草状回波（林状回波），超声检测中，当选用较高的频率检测晶粒较粗大的件时，声波在粗大晶粒之间的界面上会产生散乱反射，在示波屏上形成草状回波（又叫林状回波），严重影响对缺陷波的判别。降低探头频率，会降低草状回波，提高信噪比。

7）焊缝中的变型波，声束入射到探头对侧焊缝下表面，当焊缝下表面的形状使 α_s < $\alpha_{\text{Ⅲ}}$ 时，焊缝中既会出现反射横波 S'，也有变型反射纵波 L'，如图5-25所示。

焊缝中产生变型反射纵波后，不一定能在显示屏上显示出来，只有当纵波垂直入射至焊接表面某些特殊位置（如打磨圆滑的熔合线处、自动焊余高两边曲率最大处或近焊缝母材上的焊疤处等）时，再垂直反射，沿原路径返回倾斜入射至下表面，再进行一次波型转换，产生反射纵波和变型反射横波后，才能在显示屏上显示出来。其中的变型反射横波沿原路径返回探头，被探头接收，显示在显示屏上，这就是通常所说的变型波，如图5-26所示。

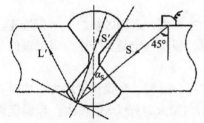 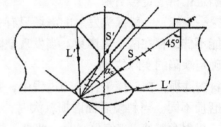

图5-25　声束入射到探头对侧焊缝下表面　　图5-26　变形波的产生示意图

8）"山"形波　当变型纵波 L' 垂直入射至焊缝上表面的某些部位时，其回波会被探头接收；同时，若反射横波 S' 也垂直入射至焊缝上表面的某些部位，其回波也同时被探头接收；再加上一次底波 $B1$，这样，显示屏上就会同时显示3个波，其形状像"山"字，俗称"山"形波，如图5-27所示。

总之，在检测过程中可能会出现各种各样的非缺陷回波，干扰对缺陷波的判别。检测人员应注意应用超声波反射、折射和波型转换理论，并计算相应回波的声程和时间来分析判别可能出现的各种非缺陷回波，从而达到正确检测的目的。

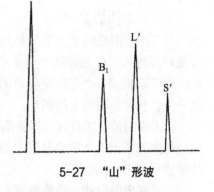

5-27　"山"形波

5.5　影响缺陷定位、定量的主要因素

目前A型脉冲反射式超声检测仪是根据荧光屏上缺陷波的位置和高度来评价被检工件中缺陷的位置和大小的，然而影响缺陷波位置和高度的因素有很多。了解这些影响因素，对于提高定位、定量精度是十分有益的。

5.5.1 影响缺陷定位的主要因素

（1）仪器的影响

超声检测仪发展到现今，水平线性和垂直线性等影响检测误差的因素在多数仪器上均已做得很好，通常可满足检测要求。但不同仪器在发射脉冲频带宽度、接收系统频宽、电噪声、分辨力等方面，均存在较大的差异，在使用时可能产生不同的检测结果。如信噪比和分辨力的差异，影响到小缺陷、近表面缺陷的检出能力，接收系统的频宽，也可能对缺陷回波的幅度产生影响。

（2）探头的影响

探头的一个特点是，同样参数(频率、晶片直径、角度)的探头，由于制作工艺的差异，其性能有很大的不同。比如，探头中的频率、频谱不同时，会对探头声场产生影响，也对信噪比、分辨力有明显影响。因此，不同探头检测同一工件时，可能会给出不同的结果。

①声束偏离，无论是垂直入射还是倾斜入射检测，都是假定波束轴线与探头晶片几何中心重合。但实际上，这两者往往难以重合。当实际声束轴线偏离探头几何中心轴线较大时，缺陷定位精度定会下降。

②探头双峰，一般探头发射的声场只有一个主声束，远场区轴线上声压最高。但有些探头性能不佳，存在两个主声束。当发现缺陷时，很难判定是哪个主声束发现的，因此也就难以确定缺陷的实际位置。

③斜楔磨损，横波探头在检测过程中，斜楔将会磨损。当操作者用力不均时，探头斜楔前后磨损不同。当斜楔后面磨损较大时，折射角增大，探头K值增大。当斜楔前面磨损较大时，折射角减小，K值也减小。此外，探头磨损还会使探头入射点发生变化，影响缺陷定位。

（3）工件的影响

①工件表面粗糙度，工件表面粗糙，不仅会使耦合不良，而且由于表面凹凸不平，还会使声波进入工件的时间产生差异。当凹槽深度为$\lambda/2$时，则进入工件的声波相位正好相反，这样就犹如一个正负交替变化的次声源作用在工件上，使进入工件的声波互相干涉形成分叉，从而使缺陷定位困难。

②工件材质，工件材质对缺陷定位的影响可从声速和内应力两方面来讨论。当工件与试块的声速不同时，就会使探头的K值发生变化。另外，工件内应力较大时，将使声波的传播速度和方向发生变化。

③工件表面形状，检测曲面工件时，探头与工件接触有两种情况。一种是平面与曲面接触，这时为点或线接触，握持不当，探头折射角容易发生变化。另一种是将探头斜楔磨成曲面，探头与工件曲面接触，这时折射角和声束形状将发生变化，影响缺陷定位。

④工件边界，当缺陷靠近工件边界时，由于侧壁反射波与直接入射波在缺陷处产生干涉，使声场声压分布发生变化，声束轴线发生偏离，使缺陷定位误差增加。

⑤工件温度，探头的K值一般是在室温下测定的。当检测的工件温度发生变化时，工件中的声速发生变化，探头折射角也随之发生变化。

⑥工件中缺陷情况，工件内缺陷方向也会影响缺陷定位。缺陷倾斜时，扩散波束入射至缺陷时回波较高，而定位时就会误认为缺陷在轴线上，从而导致定位不准。

（4）操作人员的影响

①仪器时基线比例调节，仪器时基线比例一般在试块上调节，当工件与试块的声速不同时，仪器的时基线比例发生变化，影响缺陷定位精度。另外，调节比例时，若回波前沿没有对准相应水平刻度或读数不准，也会使缺陷定位误差增加。

②入射点、K 值测定，横波检测时，当测定探头的入射点、K 值误差较大时，会影响缺陷定位。

③定位方法不当，横波周向检测圆筒形工件时，缺陷定位与平板不同，若仍按平板工件处理，那么定位误差将会增加。

5.5.2　影响缺陷定量的因素

（1）仪器及探头性能的影响

仪器和探头性能的优劣，对缺陷定量精度影响很大。仪器的垂直线性、衰减器精度、频率、探头形式、晶片尺寸、折射角大小等都直接影响回波高度。因此，在检测时，除了要选择垂直线性好、衰减器精度高的仪器外，还要注意频率、晶片尺寸和折射角等参数。

①频率的影响，实际检测中，频率 f 偏差不仅影响底波调节灵敏度法，而且影响用当量计算法对缺陷定量。

②衰减器精度和垂直线性的影响，A 型脉冲反射式超声波检测仪是根据相对波高来对缺陷定量的。而相对波高常用衰减器来度量。因此衰减器精度直接影响缺陷定量，衰减器精度低定量误差大。

当采用面板曲线对缺陷定量时，仪器的垂直线性好坏将会影响缺陷定量精度。垂直线性差，定量误差大。

③晶片尺寸的影响，晶片尺寸影响近场区长度和波束指向性，因此对定量也有一定的影响。

④探头 K 值的影响，超声波倾斜入射时，声压往复透射率与入射角有关。对于横波斜探头而言，不同 K 值的探头的灵敏度不同。因此探头 K 值的偏差也会影响缺陷定量。特别是横波检测平板对接焊缝根部未焊透等缺陷时，不同 K 值探头检测同一根部缺陷，其回波高相差较大，当 $K=0.7 \sim 1.5$（$\beta=35 \sim 55°$）时，回波较高，当 $K=1.5 \sim 2.0$（$\beta=35 \sim 63°$）时，回波很低，容易引起漏检。

（2）耦合与衰减的影响

①耦合的影响，超声波检测中，耦合剂的声阻抗和耦合层厚度对回波高度有较大的影响。

当耦合层厚度等于半波长的整数倍时，声强透射率与耦合剂性质无关。当耦合层厚度等于 $\frac{\lambda}{4}$ 的奇数倍，声阻抗为两侧介质声阻抗的几何平均值（$Z_2 = \sqrt{Z_1 Z_3}$）时，超声波全透射。因此，实际检测中耦合剂的声阻抗，对探头施加的压力大小都会影响缺陷回波高度，进而影响缺陷定量。

此外，当探头与试块和被检工件表面耦合状态不同时，而又没有进行恰当的补偿，也会定量误差增加，精度下降。

②衰减的影响，实际工件是存在介质衰减的，由介质衰减引起的分贝差△＝2αx可知，当衰减系数α较大或距离x较大时，由此引起的衰减△也较大。这时如果仍不考虑介质衰减的影响，那么定量精度势必受到影响。因此在检测晶粒较粗大和大型工件时，应测定材质的衰减系数，并在定量计算时考虑介质衰减的影响，以便减小定量误差。

（3）工件几何形状和尺寸的影响

工件底面形状不同，回波的高度也就不同，凸曲面会使反射波发散，回波降低；凹曲面使反射波聚焦，回波升高。对于圆柱体而言，外圆径向检测实心圆柱体时，入射点处的回波声压理论上同平底面工件。但实际上由于圆柱面耦合不及平面，因而其回波低于平底面。实际检测中应综合考虑以上因素对定量的影响，否则会使定量误差增加。

工件底面与检测面的平行度以及底面的粗糙度、干净程度也对缺陷定量有较大的影响。工件底面与检测面不平行、底面粗糙或沾有水迹、油污时，将会使底波下降，这样利用底波调节的灵敏度将会偏高，缺陷定量误差增加。

当检测工件侧壁附近的缺陷时，由于侧壁干涉的结果会使定量不准，误差增加。检测侧壁附近的缺陷，靠近侧壁检测回波低，远离侧壁检测反而回波高。为了减少侧壁的影响，宜选用频率高、晶片直径大的指向性好的探头检测或横波法检测。必要时还可采用试块比较法来定量，以便提高定量精度。

工件尺寸的大小对定量也有一定的影响。当工件尺寸较小，缺陷位于3N以内时，利用底波调灵敏度并定量，将会使定量误差增加。

（4）缺陷的影响

①缺陷形状的影响，工件中实际缺陷的形状是多种多样的，缺陷的形状对其回波波高有很大影响。平面形缺陷波高与缺陷面积成正比，与波长的平方和距离的平方成反比；球形缺陷波高与缺陷直径成正比，与波长的一次方和距离的平方成反比；长圆柱形缺陷波高和缺陷直径的$\frac{1}{2}$次方成正比，与波长的一次方和距离的$\frac{3}{2}$次方成反比。

对于点状缺陷，当尺寸很小时，缺陷形状对波高的影响就变得很小。当点状缺陷直径远小于波长时，缺陷波高正比于缺陷平均直径的三次方，即随缺陷大小的变化十分急剧。缺陷变小时，波高急剧下降，很容易下降到检测仪不能检出的程度。

②缺陷方位的影响，前面谈到的情况都是假定超声波入射方向与缺陷表面是垂直的，但实际缺陷表面相对于超声波入射方向往往不垂直。因此对缺陷尺寸估计偏小的可能性很大。

超声波垂直缺陷表面时缺陷波最高。当有倾角时，缺陷波高随入射角的增大而急剧下降。超声波垂直入射时，回波波高为1，当声波入射角为2.5°时，波幅下降到0.1，倾斜12°时，下降至0.001，此时仪器已不能检出缺陷。

③缺陷波的指向性，缺陷波高与缺陷波的指向性有关，缺陷波的指向性与缺陷大小有

关，而且差别较大。

垂直入射于圆平面形缺陷时，当缺陷直径为波长的2～3倍以上时，具有较好的指向性，缺陷回波较高。当缺陷直径低于上述值时，缺陷波指向性变差，

当缺陷直径大于波长的3倍时，不论是垂直入射还是倾斜入射，都可把缺陷对声波的反射看成是镜面反射。当缺陷直径小于波长的3倍时，缺陷反射不能看成镜面反射，这时缺陷波能量呈球形分布。垂直入射和倾斜入射都有大致相同的反射指向性。表面光滑与否对反射波指向性已无影响。因此，检测时倾斜入射也可能发现这种缺陷。

④缺陷表面粗糙度的影响，缺陷表面光滑与否，可用波长衡量。如果表面凹凸不平的高度差小于1／3波长，就可认为该表面是平滑的，这样的表面反射类似镜面反射。否则就是粗糙表面。

对于表面粗糙的缺陷，当声波垂直入射时，声波散乱反射，同时各部分反射波由于有相位差而产生干涉，使缺陷回波波高随粗糙度的增大而下降。当声波倾斜入射时，缺陷回波波高随着凹凸程度与波长的比值增大而增高。当凹凸程度接近波长时，即使入射角较大，也能接收到回波。

⑤缺陷性质的影响，缺陷回波波高受缺陷性质的影响。声波在界面的反射率是由界面两边介质的声阻抗决定的。当两边声阻抗差异较大时，近似地可认为是全反射，反射声波强。当差异较小时，就有一部分声波透射，反射声波变弱。所以，若工件中缺陷性质不同，则大小相同的缺陷，其波高也不相同。

通常含气体的缺陷，如钢中的白点、气孔等，其声阻抗与钢声阻抗相差很大，可以近似地认为声波在缺陷表面是全反射。但是，对于非金属夹杂物等缺陷，缺陷与工件材料之间的声阻抗差异较小，透射的声波已不能忽略，缺陷波高会相应降低。

另外，金属中非金属夹杂的反射与夹杂层厚度有关，一般地说，层厚小于1／4波长时，随层厚的增加反射相应增加。但当层厚超过1／4波长时，缺陷回波波高将保持在一定水平上。

⑥缺陷位置的影响，缺陷波高还与缺陷位置有关。缺陷位于近场区时，同样大小的缺陷会随位置的不同而起伏变化，定量误差大。所以，实际检测中总是尽量避免在近场区检测定量。

5.6　检测记录和报告

5.6.1　检测记录

记录的目的是为工件无损检测质量评定（编发检测报告）提供书面的依据，并提供质量追踪所需的原始资料。记录的内容应尽可能全，包括：记录编号、依据的操作指导书名称或编号、检测技术要求、执行标准和合格级别、检测对象（承压设备类别，检测对象的名称、编号、规格尺寸、材质和热处理状态、检测部位和检测比例、检测时的表面状态、检测时机）、检测设备和器材（名称、规格型号和编号）、检测工艺参数、原始检测数据、检测数据的评定结果、检测人员、检测日期和地点，以及其他认为有必要记录的内容

（如未按规程要求检测的情况，由于某种原因仪器参数调整的变化，未达到记录水平的反射波情况，检测过程中出现的难以肯定的异常情况等）。无损检测记录应真实、准确、完整、有效,并经相应责任人员签字认可。无损检测记录的保存期应符合相关法规标准的要求,且不得少于7年。7年后,若用户需要,可将原始检测数据转交用户保管。

5.6.2　检测报告

检测报告可采用表格或文字叙述的形式，其内容至少应包括：报告编号、检测技术要求（执行标准和合格级别）、检测对象（承压设备类别,检测对象的名称、编号、规格尺寸、材质和热处理状态、检测部位和检测比例、检测时的表面状态、检测时机等）、检测设备和器材:名称和规格型号、检测工艺参数、检测部位示意图、检测结果和检测结论、编制者（级别）和审核者（级别）、编制日期。无损检测报告的编制、审核应符合相关法规或标准的规定。无损检测报告的保存期应符合相关法规标准的要求,且不得少于7年。

报告中最重要的部分是评定结论，需根据显示信号的情况和验收标准的规定进行评判。若出现难以判别的异常情况，应在报告中注明并提请有关部门处理。

第 6 章　板材和管材超声波探伤

6.1　钢板超声检测

6.1.1　钢板加工及常见缺陷

普通钢板是由板坯轧制而成的,板坯则可用浇铸法或由坯料轧制或锻造制成,普通钢板包括碳素钢、低合金钢以及奥氏体钢板、镍及镍合金板材和双相不锈钢板材等。钢板中常见缺陷有分层、折叠、白点等,裂纹少见。

分层和折叠是钢板中最常见的缺陷,分层主要是板坯中的缩孔、夹渣等在轧制过程中形成的分离层,折叠是钢板表面局部形成相互折合的双层金属,它们大都平行于板面。而白点是钢板在轧制后冷却过程中氢原子来不及扩散而形成的,白点的断裂面呈白色,多出现在板厚大于40mm的钢板中。

6.1.2　检测方法

钢板检测方法:一般采用脉冲反射式垂直入射法检测,耦合方式有直接接触法和水浸法。采用的探头有聚焦或非聚焦的单晶直探头、双晶直探头。

（1）直接接触法

直接接触法是通过薄层耦合剂与工件接触进行检测。当探头位于完好部位时,示波屏上仅显示底波,无缺陷波。当板中缺陷较小时,示波屏上缺陷波与底波共存,缺陷波在底波之前,底波有所降低。当板中缺陷较大时,示波屏出现波幅较高的缺陷波,底波明显下降或消失。

（2）水浸法（充水耦合法）

水浸法中探头与钢板不直接接触,而是通过一层水来耦合。这时水/钢界面（钢板上表面）多次回波与钢板底面多次回波互相干扰,不利检测。但是通过调整水层厚度,可使水/钢界面回波分别与钢板多次底波重合,这时示波屏上波形就会变得清晰利于检测,这种方法称为多次重合法。当界面各次回波分别与钢板底波一一重合时,称为一次重合法。当界面各次回波分别与第2、第3、第4、…次钢板底波重合时称为二次重合法,三、四次重合法,依此类推。如图6-1所示。

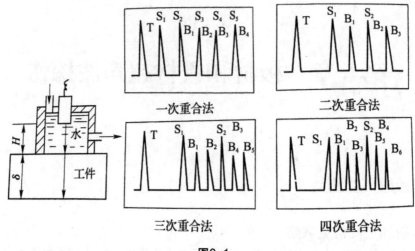

图6-1

根据钢和水中的声速,可知各次重合法水层高度H与钢板厚度δ的关系为

$$H = n\frac{c_{水}}{c_{钢}}\delta \approx n\frac{\delta}{4} \qquad (6-1)$$

式中,n——重合波次数,如$n=1$为一次重合法,$n=2$为二次重合法。

例如采用四次重合法探测厚度30mm的钢板时其水层高度为:

$$H = n\frac{\delta}{4} = 4 \times \frac{30}{4} = 30(mm)$$

6.1.3 探头与扫查方式的选择

(1)探头的选择

探头的选择包括探头频率、直径和结构形式的选择。

由于钢板晶粒比较细,为了获得较高的分辨力,宜选用较高的频率,一般为2.5～5.0 MHz。

钢板面积大,为了提高检测效率,宜选用较大直径的探头。但对于厚度较小的钢板,探头直径不宜过大,因为大探头近场区长度大,对检测不利。一般探头直径范围为10～25mm。

探头的结构形式主要根据板厚来确定。板厚较大时,常选用单晶直探头。板厚较薄时可选用双晶直探头,因为双晶直探头盲区很小。双晶直探头主要用于检测厚度为6～20mm的钢板。

探头数量根据需求来决定,在钢板生产厂一般选择多探头多通道检测,以提高检测效率。

(2)扫查方式的选择

根据钢板用途和要求不同,采用的主要扫查方式如下:

①全面扫查:即对钢板做100%的扫查,每相邻两次扫查应有15%的覆盖面积,探头移动方向应垂直于钢板的压延方向。

②列线扫查:即在钢板上划出等距离(一般为50mm)的平行线,探头沿列线并垂直

于压延方向进行扫查。

③边缘扫查：即在钢板边缘的一定范围内做全面扫查。如球壳板边缘扫查。

④格子扫查：即将钢板按100mm×100mm的格子线进行扫查（但在钢板边缘50mm范围内应作全面扫查）。

（3）扫查速度的选择：手工扫查速度应在150mm/s以内。水浸自动检测系统的最大扫查速度与要求检出的最小缺陷尺寸、板厚及仪器脉冲重复频率有关。

6.1.4　检测灵敏度的调整

板厚小于等于20 mm时，用阶梯平底试块调节，也可用被检板材无缺陷完好部位调节，此时用与工件等厚部位试块或被检板材的第一次底波调整到满刻度的50%，再提高10 dB作为基准灵敏度。

板厚大于20 mm时，按所用探头和仪器在Φ5 mm平底孔试块上绘制距离–波幅曲线，并以此曲线作为基准灵敏度。

如能确定板材底面回波与不同深度Φ5 mm平底孔反射波幅度之间的关系，则可采用板材无缺陷完好部位第一次底波来调节基准灵敏度。

扫查灵敏度一般应比基准灵敏度高6 dB。

6.1.5　缺陷的判别与定量

（1）缺陷的判别，在检测基准灵敏度条件下，发现下列两种情况之一即作为缺陷：

①缺陷第一次反射波（F）波幅高于距离–波幅曲线；或用双晶探头检测板厚小于20mm板材时，缺陷第一次反射波（F）波幅大于或等于显示屏满刻度的50%。

②底面第一次反射波（$B1$）波幅低于显示屏满刻度的50%,即$B1<50\%$

（2）缺陷的定量

双晶直探头检测时缺陷的定量：

①使用双晶直探头对缺陷进行定量时，探头的移动方向应与探头的隔声层相垂直；

②板材厚度小于等于20mm时，移动探头使缺陷波下降到基准灵敏度条件下显示屏满刻度的50%,探头中心点即为缺陷的边界点；

③板材厚度在20～60mm时，移动探头使缺陷波下降到距离–波幅曲线，探头中心点即为缺陷的边界点；

④确定底波低于50%的缺陷的边界范围时，移动探头使底面第一次反射波上升到基准灵敏度条件下显示屏满刻度的50%或上升到距离–波幅曲线，此时探头中心点即为缺陷的边界点；

⑤缺陷边界范围确定后,用一边平行于板材压延方向矩形框包围缺陷，其长边作为缺陷的长度，矩形面积则为缺陷的指示面积。

单晶直探头检测时缺陷的定量：

除用以上双晶探头的方法对缺陷进行定量外，还应记录缺陷的反射波幅或当量平底孔直径。

6.1.6 钢板质量级别的判定

NB/T47013-2015标准按单个缺陷指示长度、单个缺陷指示面积及当量平底孔大小不同可将钢板质量分为Ⅰ、Ⅱ、Ⅲ、Ⅳ、Ⅴ5个级别，Ⅰ级最高，Ⅴ级最低。

6.2 管材超声检测

6.2.1 管材加工及常见缺陷

管材种类很多，根据加工方法不同，可分为无缝钢管和焊接管；按材料不同，可分为金属管和非金属管；按管径不同，可分为小径管和大径管。管材中常见缺陷与加工方法有关。

无缝钢管是通过穿孔法和高速挤压法得到的，穿孔法是用穿孔机穿孔，并同时用轧辊滚轧，最后用芯棒轧管机定径压延平整成型，高速挤压法是在挤压机中直接挤压成形，这种方法加工的管材尺寸精度高，无缝钢管中的主要缺陷有裂纹、折叠、分层和夹杂等。对于厚壁大口径管也可由钢锭经锻造、轧制等工艺加工而成,锻轧管常见缺陷与锻件类似，一般为裂纹、白点、重皮等。

焊接管是先将经检测合格的板材卷成管形后，再用电阻焊或埋弧自动焊焊接而成，一般大口径管多用这种方法加工。由于板材已检测过，所以焊接管中常见缺陷为焊缝缺陷，一般为裂纹、气孔、夹渣、未焊透等。

从超声的角度,一般将外径大于100mm的管材称为大直径管，外径小于100mm的称为小直径管。将壁厚与管外径之比不大于0.2的金属管材称作薄壁管，大于0.2的金属管材称为厚壁管。薄壁管和厚壁管的区分，是以折射横波是否可以到达管材内壁来区分的。

管材超声检测的目的是发现管材制造过程中产生的各种缺陷，避免将带有危险缺陷的管材投入使用，在役管材可能存在的缺陷（如疲劳裂纹）也可采用同样的检测方法进行质量监控。管材中的缺陷大多与管材轴线平行，因此,管材的检测以沿管材外圆作周向扫查的横波检测为主。在无缝管中也可能存在与管材轴线垂直的缺陷，因此必要时还应沿轴线方向进行斜入射检测。对于某些管材，可能还需进行纵波垂直入射检测。

第 7 章　锻件与铸件超声检测

7.1　锻件超声检测

7.1.1　锻件加工及常见缺陷

锻件是将铸锭或锻坯在锻锤或模具的压力下变形制成一定形状和尺寸的零件毛坯。锻压过程包括加热、形变和冷却。锻造的方式大致分为镦粗、拔长和滚压，镦粗是锻压力施加于坯料的两端，形变发生在横截面上，拔长是锻压力施加于坯料的外圆，形变发生在长度方向。滚压是先镦粗坯料，然后冲孔，再插入芯棒并在外圆施加锻压力。滚压既有纵向形变，又有横向形变。其中镦粗主要用于饼类锻件，拔长主要用于轴类锻件，而筒形锻件一般先镦粗，后冲孔，再锻压。

为了改善锻件的组织性能，锻后还要进行正火、退火或调质等热处理，因此锻件的晶粒一般都很细，有良好的透声性。

锻件中的缺陷主要有两个来源：一种是由铸锭中缺陷引起的缺陷；另一种是锻造过程及热处理中产生的缺陷。常见的缺陷类型有缩孔、缩松、夹杂物、裂纹、折叠、白点。

7.1.2　检测方法概述

锻件可采用接触法或水浸法进行检测。随着计算机技术的发展，以及人们对于水浸法便于实现自动检测、人为因素少、检测可靠性高的特点的认识不断加深，那些要求高分辨力、高灵敏度和高可靠性检测的重要锻件，越来越多地采用水浸法进行检测。锻件的组织很细，由此引起的声波衰减和散射影响相对较小，因此，锻件上有时可以应用较高的检测频率（如10 MHz以上），以满足高分辨力检测要求和实现对较小尺寸缺陷检测的目的。

由于经过锻造变形，锻件中的缺陷一般具有一定的方向性。通常冶金缺陷的分布和方向与锻造流线方向有关。因此，为了得到最好的检测效果，锻件检测时声束入射面和入射方向的选择需要考虑锻造变形工艺和流线方向，并应尽可能使超声声束方向与锻造流线方向垂直，以模锻件为例，模锻件的变形流线是与外表面平行的，因此检测时一般要求超声声束方向应与外表面垂直入射，扫查需沿着外表面形状进行，通常需要采用水浸法或水套探头方可实现。

锻件常用于使用安全要求较高的关键部件，因此，通常需要对其表面和外形进行加工，以保证锻件具有光滑的声入射面满足高灵敏度检测的需要，同时使其外形尽可能为超声波覆盖整个锻件区域提供方便的入射面。

锻件检测的时机，原则上应选择在热处理后，冲孔、开槽等精加工工序之前进行。因为孔、槽、台阶等复杂形状会形成超声声束无法到达的区域，增加检测的盲区，同时可能产生因形状引起的非缺陷干扰波，影响缺陷的检测和判别。而在热处理后进行检测，有利于发现热处理过程中产生的缺陷，如热处理裂纹等。

锻件超声检测常用技术有：纵波直入射检测、纵波斜入射检测、横波检测。由于锻件外形可能很复杂，有时为了发现不同趋向的缺陷，在同一个锻件上需同时采用纵波和横波检测。其中纵波直入射检测是最基本的检测方式。

（1）轴类锻件的检测方法

轴类锻件的锻造工艺主要以拔长为主，因而大部分缺陷的趋向与轴线平行，此类缺陷的检测以纵波直探头从径向检测效果最佳。考虑到缺陷会有其他的分布及取向。因此轴类锻件检测，还应辅以直探头在端面的轴向检测，必要时还应附以斜探头的径向检测及轴向检测。

（2）饼类、碗类锻件的检测

饼类和碗类锻件的锻造工艺主要以镦粗为主，缺陷以平行于端面分布为主，所以用直探头在端面检测是检出缺陷的最佳方法。

（3）筒形或环形锻件的检测

筒形或环形锻件的锻造工艺是先镦粗，后冲孔，再滚压。因此，缺陷的趋向比轴类锻件和饼类锻件中的缺陷的趋向复杂，所以该类锻件的检测既需要进行纵波直入射检测，还应进行横波斜探头检测。由于铸锭中质量最差的中心部分已被冲孔时去除，因而筒形或环形锻件的质量一般较好。

7.1.3 检测条件的选择

（1）探头的选择

对于纵波直入射法，可选用单晶直探头，其参数如公称频率和探头晶片与被检材料有关，若材料为低碳钢或低合金钢，可选用较高的检测频率，常用2~5MHz，探头晶片尺寸为Φ14 mm~Φ25 mm；若材料为奥氏体钢，为了避免出现"草状回波"，提高信噪比，可选择较低的频率和较大的探头晶片尺寸，频率常用0.5~2 MHz，晶片尺寸为Φ14 mm~Φ30 mm，对于较小的锻件或为了检出近表面缺陷，考虑到直探头的盲区和近场区的影响，还可选用双晶直探头，常用频率为5 MHz。

对于横波检测，一般选择K=1.0的斜探头进行检测。

（2）耦合选择

接触法时，为了实现较好的声耦合，一般要求检测面的表面粗糙度Ra，不高于6.3μm，表面平整均匀，无划伤、油垢、污物、氧化皮、油漆等。当在试块上调节检测灵敏度时，要注意补偿试块与工件之间因曲率半径和表面粗糙度不同引起的耦合损失。锻件检测时，常用机油、糨糊、甘油等作耦合剂，当锻件表面较粗糙时也可选用黏度更大的水玻璃作耦合剂。

水浸法时，对检测表面的要求低于接触法。

（3）纵波直入射法检测面的选择

锻件检测时，原则上应从两个相互垂直的方向进行检测，并尽可能地检测到锻件的全体积，若锻件厚度超过400 mm时，应从相对两端面进行100%的扫查。

7.1.4　扫描速度和灵敏度调节

（1）扫描速度调节

锻件检测前，一般根据锻件要求的检测范围来调节扫描速度，以便发现缺陷，并对缺陷定位。扫描速度的调节可在试块上进行，也可在锻件上尺寸已知的部位上进行，在试块上调节扫描速度时，试块上的声速应尽可能与工件相同或相近。

调节扫描速度时，一般要求第一次底波前沿位置不超过水平刻度极限的80%，以利观察一次底波之后的某些信号情况。

（2）探伤灵敏度调节

1）底波调节法：要求工件厚度x≥3N，并具有平行的底面或圆柱曲底面。

①大平底或实心圆柱体底面波与同声程平底孔回波的关系；

$$\Delta = 20\lg \frac{P_B}{P_f} = 20\lg \frac{2\lambda\chi}{\pi D_f^2}$$

例：用2.5P20Z探头径向检测Φ500mm实心圆柱体锻件，已知C_L=5900m/s，问如何利用底波调节500/Φ2灵敏度？

解：由题意可知$\lambda=C/f$=5.9 ÷ 2.5=2.36（mm）

a.计算500mm处底波与Φ2平底孔回波的分贝差值为：

$$\Delta = 20\lg \frac{P_B}{P_f} = 20\lg \frac{2\lambda\chi}{\pi D_f^2} = 20\lg \frac{2\times 2.36\times 500}{3.14\times 2^2} = 45.5(\mathrm{dB})$$

b.探头对准完好区底面，调节增益使底波B1达基准波高，然后将衰减器增益45.5dB，即灵敏度调好。

②空心圆柱体底面波与同声程平底孔回波的关系：

$$\Delta = 20\lg \frac{P_B}{P_f} = 20\lg \frac{2\lambda\chi}{\pi D_f^2} \pm 10\lg \frac{d}{D}$$

式中，d—空心圆柱体内径，mm；D—空心圆柱体外径，mm；"+"—外圆径向检测，内孔凸柱面反射；"–"—内孔径向检测，外圆凹柱面反射。

例：用2.5P20Z探头径向检测外径为Φ1000mm，内径为Φ100mm的空心圆柱体锻件，已知C_L=5900m/s，问如何利用内孔回波调节450/Φ2灵敏度？

解：已知 $\lambda=C/f$=5.9 ÷ 2.5=2.36（mm），D=100mm, x=（D–d）/2=450（mm）

a.计算450mm处内孔回波与Φ2平底孔回波的分贝差值为：

$$\Delta = 20\lg\frac{P_B}{P_f} = 20\lg\frac{2\lambda\chi}{\pi D_f^2} \pm 10\lg\frac{d}{D} = 20\lg\frac{2\times2.36\times450}{3.14\times2^2} + 10\lg\frac{100}{1000} = 34.5(\text{dB})$$

b.探头对准完好区的内孔，衰减45dB，调节增益使底波B1达基准波高，然后将衰减器增益35dB，即灵敏度调好。

2）试块调节法：当锻件厚度＜3N或由于几何形状限制或底面粗糙，应利用具有人工反射体的试块来调节灵敏度，如在CS试块平底孔上调整。

单晶直探头基准灵敏度的确定

使用CS-2或CS-4试块，依次测试一组不同检测距离的Φ2mm平底孔（至少3个），制作单晶直探头的距离-波幅曲线，并以此作为基准灵敏度。当被检部位的厚度大于或等于探头的3倍近场区长度，且检测面与底面平行时，也可以采用底波计算法确定基准灵敏度。

双晶直探头基准灵敏度的确定

使用CS-3试块，依次测试一组不同检测距离的Φ2mm平底孔（至少3个）制作双晶直探头的距离-波幅曲线，并以此作为基准灵敏度。

扫查灵敏度一般应比基准灵敏度高6dB。

7.1.5 缺陷当量的确定

当被检缺陷的深度大于或等于所用探头的3倍近场区时，可采用AVG曲线或计算法确定缺陷的当量。对于3倍近场区内的缺陷，可采用距离-被幅曲线来确定缺陷的当量，也可来用其他等效方法来确定。

7.1.6 缺陷回波的判别

（1）单个缺陷回波：指相邻间距＞50mm、回波高度波Φ2mm缺陷回波。如锻件中单个夹层、裂纹等。

（2）分散缺陷回波：指边长为50mm的立方体内少于5个、直径≥2mm的缺陷。如分散性的夹层。

（3）密集缺陷回波：

①以缺陷的相互间距划分；

②以单位长度时基线内显示缺陷回波数量划分；

③以单位面积中的缺陷回波数量划分；

④以单位体积内的缺陷回波数量划分。

锻件检测时，在显示屏扫描线上相当于50mm声程范围内同时有5个或5个以上的缺陷反射信号，或是在50mm×50mm的检测面上发现在同一深度范围内有5个或5个以上的缺陷反射信号，其反射波幅均大于等于某一特定当量平底孔的缺陷。

（4）游动回波：是指缺陷波随扫查声程变化而游动，其产生是由于晶片扩散声束中不同波束射至缺陷产生的反射所至。

（5）底面回波：检测中，有时可根据底波变化情况来判别缺陷情况，必要时还可以采用底波高度法来确定缺陷的相对大小。

7.1.7　非缺陷回波

（1）三角反射波：周向检测圆柱形锻件时，常发现在示波屏上底波 $B1$ 后面某一固定（ $1.3d$ 和 $1.67d$ ）的位置出现的一种反射波，称为三角反射波。

（2）迟到波：轴向检测细长轴类锻件时，由于波形转换，在示波屏上底波 $B1$ 后面某一固定的位置（ $0.76d$ ）出现的一种反射波，称为迟到波。

（3）"61°"反射波：当锻件中存在与检测面成 61° 倾角的界面或缺陷时，即纵波入射角 α 与横波反射角 β 的关系为： $\alpha + \beta = 90°$ 时，则示波屏上会出现反射波，此波称为 61° 反射波。

（4）孔、槽、台阶轮廓回波。

7.1.8　锻件检测质量级别的评定

见 NB/T47013-2015 标准。

第8章 焊接接头超声检测

8.1 焊接加工及常见缺陷

（1）焊接过程：焊接过程类同电炉的冶炼过程，是通过加热或加压，或两者兼用，并用或不用填充材料，使工件达到原子结合的一种加工方法。

（2）接头形式：有对接、角接、T形和搭接接头。

（3）坡口形式：有Ⅰ形、V形、X形、U形、单边V形、K形。

（4）常见的焊接缺陷：焊接接头中常见的焊接缺陷有不连续性、几何偏差及冶金不均匀性。其中不连续性主要有气孔、夹渣、未焊透、未熔合、裂纹和尺寸形状不良等缺陷。

8.2 钢制承压设备对接焊接头的超声检测

8.2.1 焊接接头超声检测技术等级的选择

焊接接头超声检测技术等级主要根据检测的数量、检测探头的多少、是否检测横向缺陷、焊缝余高是否磨平来进行划分。不同的检测技术等级对质量保证是不一样的。NB/T47013.3–2015标准规定承压设备制造、安装及在用的超声检测技术等级选择应符合制造、安装、在用等有关规范、标准及设计图样规定。超声检测技术等级分为A、B、C 3个检测级别。

（1）A级检测：仅适用于母材厚度≥6～40mm的焊接接头的检测。可用一种K值探头采用直射波法和一次反射波法在焊接接头的单面双侧进行检测。如受条件限制，也可以选择单面双侧或者单面单侧进行检测。一般不要求进行横向缺陷的检测。

（2）B级检测：

①B级适用于工件厚度为6～200mm焊接接头的检测；

②焊接接头一般应进行横向缺陷的检测；

③对于按NB/T47013.3–2015附录N要求进行双面双侧检测的焊接接头,如受几何条件限制或由于堆焊层(或复合层)的存在而选择单面双侧检测时,还应补充斜探头作近表面缺陷检测。

（3）C级检测：

①C级适用于工件厚度为6～500mm焊接接头的检测；

②采用C级检测时应将焊接接头的余高磨平。对焊接接头斜探头扫查经过的母材区域要用直探头进行检测,检测方法按NB/T47013.3–2015第6.3.7条的规定进行；

③工件厚度大于15mm的焊接接头一般应在双面双侧进行检测,如受几何条件限制或由

于堆焊层(或复合层)的存在而选择单面双侧检测时,还应补充斜探头作近表面缺陷检测;

④对于单侧坡口角度小于5°的窄间隙焊缝,如有可能应增加检测与坡口表面平行缺陷的有效方法;

⑤工件厚度大于40mm的对接接头,还应增加直探头检测;

⑥焊接接头应进行横向缺陷的检测。

8.2.2 检测方法和检测条件选择

（1）检测面的准备

检测面包括检测区和探头移动区

①检测区：焊接接头检测区应是焊接接头本身加上焊缝熔合线两侧各10mm；对接接头检测区厚度应为工件厚度加上余高。

②探头移动区

直射法：探头移动区≥0.75P；

一次反射法：探头移动区≥1.25P，

$$P=2TK$$
$$P=2T\tan\beta$$

（8-1）

式中，P—跨距，mm；T—母材厚度，mm；K—探头K值；β—探头折射角。

③检测面：检测面表面状况好坏，直接影响检测结果。一般检测要求探头移动区表面粗糙度不大于Ra25μm。

（2）耦合剂的选择

耦合的好坏决定着超声能量传入工件的声强透射率的高低。焊缝检测常用的耦合剂有水、甘油、机油、变压器油、化学半强糊和润滑脂等。

（3）探头频率和K值（角度）的选择

①频率选择：特种设备焊缝一般晶粒较细，且超声波各项同性。因此检测波形一般为横波，频率为2～5 MHz。对于母材厚度较大或衰减明显的可考虑选择较低的频率。

②K值（角度）选择：由于焊缝余高的存在和斜探头前沿的影响，一次波只能检测到焊缝的中下部。当焊缝宽度较大，若斜探头的K值选择较小，则一次波可能无法检测到焊缝的中下部。

因此，斜探头K值选择因考虑一下3个方面：

a）斜探头的声束应能扫查到整个检测区截面；

b）斜探头的声束中心线应尽量与焊缝中可能出现的危险性缺陷垂直；

c）尽量使用一次波判别缺陷，减少误判并保证有足够的检测灵敏度。

如图8-1所示为用一、二次波单面检测双面焊缝时声束覆盖情况。

由图8-1可以看出，为保证能检

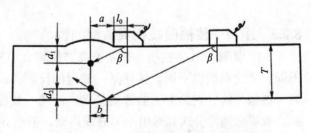

图8-1 一、二次波单面检测双面焊焊缝

测到整个检测区截面，必须满足$d_1+d_2 \leqslant T$，从而得到：

$$K \geqslant (a+b+L_0)/T \qquad (8-2)$$

式中，a——上焊缝宽度的一半，mm；L_0——探头前沿长度，mm；T——焊缝母材厚度，mm；b——下焊缝宽度的一半，mm；（单面焊缝 b=0）

一般斜探头K值（角度）可根据焊缝母材的板厚来选取。板厚较薄的采用大K值，以避免近场区检测，提高定位、定量精度。板厚较厚的采用小K值，以便缩短声程、减小衰减、提高检测灵敏度，还可减小探头移动区、减小打磨宽度。

斜探头K值（角度）因焊缝及母材的声速、温度的变化而变化，随使用中的磨损而改变，因此，检测前必须在试块上实测K值（角度），并在检测中经常校准。

（4）探头晶片尺寸的选择

①检测母材厚度较大的焊缝，在保证接触良好的前提下，为提高检测速度和效率，尽量选用大尺寸晶片探头进行检测。

②检测母材厚度较薄、曲率半径较小的焊缝，为了较好的耦合，应选用小尺寸晶片探头进行检测。

8.2.3 试块

（1）标准试块：标准试块是指具有规定的化学成分、表面粗糙度、热处理及几何形状的材料块,用于评定和校准超声检测设备,即用于仪器探头系统性能校准的试块。焊接接头用的标准试块为CSKA—ⅠA

（2）对比试块：对比试块是指与被检件或材料化学成分相似,含有意义明确参考反射体（反射体应采用机加工方式制作）的试块，用以调节超声检测设备的幅度和声程，以将所检出的缺陷信号与已知反射体所产生的信号相比较，即用于检测校准的试块。焊接接头用的对比试块有、CSKA-ⅡA、CSKA-ⅢA和CSKA-IVA试块。

8.2.4 超声检测仪器扫描速度的调节

（1）声程法：使荧光屏水平刻度直接显示反射体实际声程，常用于直探头仪器扫描调节和斜探头检测管材的仪器扫描调节。

（2）水平法：使荧光屏水平刻度直接显示为反射体的水平投影距离。

（3）深度法：使荧光屏水平刻度直接显示反射体的垂直深度。

注：数字式仪器调节好其中任一参数，其他参数就会自动生成。

8.2.5 距离—波幅曲线和灵敏度的调节

（1）距离—波幅曲线：缺陷波高与缺陷大小及距离有关，大小相同的缺陷由于距离不同，回波高度也不同。描述某一确定的反射体回波高度随距离变化的关系曲线称为距离—波幅曲线，它是AVG曲线的特例。距离—波幅曲线与实用AVG曲线一样可以实测得到，也可由理论公式或通用AVG曲线得到，但在3倍近场区内只能实测。焊缝超声检测的距离—波幅曲线是按所用探头和仪器在试块上实测的数据绘制而成的。距离—波幅曲线由评定线（EL）、定量线（SL）、判废线（RL）组成。其中评定线（EL）与定量线（SL）之间为Ⅰ区，定量线（SL）与判废线（RL）之间为Ⅱ区，判废线（RL）以上为Ⅲ区。

（2）不同壁厚距离—波幅曲线灵敏度的选择

①工件厚度为6～200mm的焊接接头，斜探头或直探头检测时，用CSKA-ⅡA试块制作的距离—波幅曲线灵敏度如表-1所示：

表8-1　斜探头或直探头检测距离—波幅曲线的灵敏度

试块形式	板厚mm	评定线	定量线	判废线
CSKA-ⅡA	≥6-40	Φ2×40-18	Φ2×40-12	Φ2×40-2
	>40-100	Φ2×40-14	Φ2×40-8	Φ2×40+2
	>100-200	Φ2×40-10	Φ2×40-4	Φ2×40+6

②工件厚度大于200～500mm的焊接接头，斜探头或直探头检测时距离—波幅曲线灵敏度如表8-2所示：

表8-2　斜探头或直探头检测距离—波幅曲线的灵敏度

试块形式	板厚mm	评定线	定量线	判废线
CSKA-ⅣA	>200-300	Φ6-13	Φ6-7	Φ6+3
	>300-500	Φ6-11	Φ6-5	Φ6+5

③检测横向缺陷时，应将各线灵敏度均提高6dB；

④工件表面耦合损失和材质衰减与试块不同时，应进行传输修正。

（3）距离—波幅曲线的绘制方法及其应用

距离—波幅曲线常用有两种形式：一种是用dB值表示波幅作为纵坐标，距离为横坐标，称为距离—波幅曲线，如图8-2所示；另一种是以mm（或%）表示波幅作为纵坐标，距离为横坐标，绘在荧光屏面板上，称为面板曲线。

1）距离—波幅曲线的绘制及其应用

①距离—波幅曲线的绘制

a）测定探头入射点、K值，根据板厚按水平或深度比例调节仪器扫描速度。

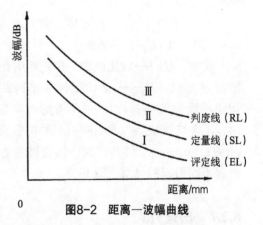

图8-2　距离—波幅曲线

b）将探头置于CSKA-ⅡA试块上，调节增益旋钮使深度为10mm的Φ2×40横孔最高回波达基准80%高，然后锁住增益旋钮，将探头分别对准不同深度的Φ2×40的横孔，并调节衰减器使各横孔的最高回波达基准80%高，记下它们相应的dB值，并将该板厚对应的定量线、判废线和评定线的dB值一同记下。

c）以孔深为横坐标、以dB值为纵坐标，在坐标纸上描点绘出定量线、判废线和评定线，标出Ⅰ、Ⅱ、Ⅲ区，注明探头K值、频率和晶片尺寸。

115

d）用深度不同的两孔校验距离—波幅曲线，若不相符则应重做。

②距离—波幅曲线的应用

a）了解反射体波高与距离之间的关系。

b）调整检测灵敏度，标准要求焊缝检测灵敏度不低于评定线。

c）比较缺陷的大小。

d）确定缺陷所处区域。

8.2.6 传输修正

传输修正又称为声能传输损耗补尝。工件本身影响反射波幅的两个主要因素是:材料的材质衰减、工件表面粗糙度及耦合状况造成的表面声能损失。

碳钢或低合金钢板材的材质衰减,在频率低于3 MHz、声程不超过200 mm时,或者衰减系数小于0.01 dB/mm时,可以不计。标准试块和对比试块均应满足这一要求。

被检工件检测时,如声程较大,或材质衰减系数超过上述范围,在确定缺陷反射波时,应考虑材质衰减修正。如被检工件表面比较粗糙还应考虑表面声能损失问题。

（1）横波超声材质衰减的测量，如图8-3所示：

$$\alpha_H=（H_1-H_2-\triangle）/S$$

式中，H_1——倍跨距时记录的反射波幅；H_2——两倍跨距时记录的反射波幅；S——声程差；$\triangle$——不考虑材质衰减时，声程S_1、S_2大平面的反射波幅dB差，约为6dB。

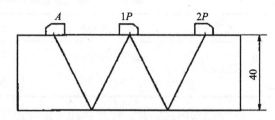

图8-3 超声材质衰减的测量

（2）传输损失差的测定，如图8-4所示：$\triangle V= H_1-H_2-\triangle 1-\triangle 2$

式中，H_1——对比试块一倍跨距时记录的反射波幅；H_2——被检工件一倍跨距时记录的反射波幅；$\triangle 1$——不考虑材质衰减时，工件与试块因声程不同引起的扩散衰减dB差；$\triangle 2$——工件与试块中因衰减系数和声程不同引起的材质衰减dB差。

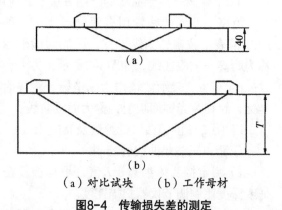

（a）对比试块 （b）工作母材

图8-4 传输损失差的测定

8.2.7 扫查方式

扫查的目的是为了寻找和发现缺陷。为了达到这个目的,必须采用正确的扫查方式。在焊缝检测过程中,扫查方式有多种。

（1）锯齿形扫查

锯齿形扫查是手工超声检测中最常用的扫查方式，往往作为检测纵向缺陷的初始扫查方式，速度快，易于发现缺陷。作锯齿形扫查时，斜探头应垂直于焊缝中心线放置在检测面上,如图8-5所示。探头前后移动的范围应保证扫查到全部焊接接头截面,在保持探头垂直焊缝作前后移动的同时,还应作10~15°的左右转动。应注意每次前进的齿距不得超过探头晶片直径的85%,以避免间距过大造成漏检。

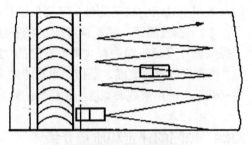

图8-5　锯齿形扫查

（2）前后、左右、转角、环绕扫查

发现缺陷后,为观察缺陷动态波形和区分缺陷信号或伪缺陷信号,确定缺陷的位置、方向和形状,可采用前后、左右、转角和环绕4种探头基本扫查方式,如图8-6所示。

①前后、左右扫查:前后扫查用来确定缺陷水平和深度距离;左右扫查用来确定缺陷沿焊缝方向的长度尺寸。

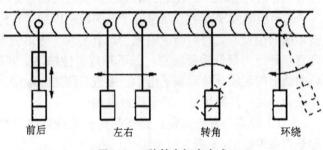

图8-6　4种基本扫查方式

②转角扫查:用来推断缺陷方向。

③环绕扫查:用来推断缺陷形状。扫查时如果缺陷回波高度基本不变,则大致可判断为点状缺陷。

（3）检测横向缺陷的扫查方式

①平行扫查:在余高磨平的焊缝上作平行扫查。

②斜平行扫查:在焊缝边缘两侧,使探头与焊缝成≤10°夹角的斜平行扫查,目的是检测横向缺陷。

③交叉扫查:用于电渣焊的人字形横裂,可用K1探头在焊缝两侧45°方向作交叉扫查。

（4）双探头扫查方式

①串列扫查:用于厚板对接焊缝超声检测,在焊缝一侧,将一发一收的两个同K值探头、同方向一前一后放置,作等间隔移动,即为串列扫查。

②V形扫查:在平板对接焊缝两侧各放置一个探头,一侧为收一侧为发,作垂直于焊缝中心线相向移动,检测平行于检测面的缺陷称V形扫查。

③交叉扫查:在平板对接焊缝两侧各放置一个为发一个为收的探头,使两个探头声束轴线相交于要检测的部位,作平行于焊缝中心线移动,称交叉扫查,目的是检测焊缝中的横向缺陷。

8.2.8　扫查速度和扫查间距

（1）扫查速度:探头与检测面相对运动的速度即为扫查速度。它与探头的有效直径以及仪器的重复频率有关。若探头的有效直径小、仪器的重复频率低,则其扫查速度要慢一些。一般手工扫查速度应不大于150mm/s。其原则是:扫查速度既要保证检测人员能看清荧光屏上显示的缺陷信号，又要保证仪器能明确地记录下缺陷回波信号。

（2）扫查间距：是指两相邻的扫查线(探头移动路线)之间的距离。扫查间距一般不大于探头晶片直径或探头有效声束宽度的1/2。

所谓有效声速宽度，是指声束边缘的声压比声束轴线上的声压低于某规定的分贝数（如"–6dB"）的声束截面宽度。距探头的距离（声程）不同，其有效声束宽度是不一样的。

8.2.9 缺陷的评定和质量分级

焊接接头的缺陷评定包括确定缺陷的位置、缺陷性质、缺陷幅度和缺陷的指示长度，然后结合所用标准中的规定，对焊接接头进行质量分级。

超声检测发现反射波幅超过Ⅰ区的缺陷以后，首先要判断缺陷是否位于焊缝中或在焊缝截面的位置，之后判断缺陷是否具有裂纹、未熔合等危害性缺陷特征，如为危害性缺陷则直接评定为最低质量级别。如不是危害性缺陷，则确定缺陷的最大反射波幅在距离–波幅曲线上的区域，并对缺陷指示长度进行测定。缺陷的幅度区域和指示长度确定之后，需要结合相关标准的规定，评定质量级别。

（1）缺陷位置的测定：是指测定缺陷最高回波的水平位置和垂直深度，并用直尺确定是否在焊缝中。

（2）缺陷幅度的测定：是指确定缺陷最高回波在距离—波幅曲线上所在的区域。用缺陷信号的最大峰值高于或低于该线的dB数表示缺陷的幅度。

（3）缺陷指示长度和计量：当缺陷波只有一个高点时采用6dB法；当有多个高点时，采用端点峰值法（端点6dB法）、绝对灵敏度法等。

1）NB/T47013—2015标准关于测量方法的规定

①当缺陷回波只有一个高点，且位于Ⅱ区或Ⅱ区以上时，使波幅降到荧光屏满刻度的80%后，用6dB法测其指示长度。

②当缺陷回波峰值起伏变化，有多个高点，且位于Ⅱ区或Ⅱ区以上时，使波幅降到荧光屏满刻度的80%后，应以端点6dB法测其指示长度。

③当缺陷反射波峰位于Ⅰ区，如认为有必要记录时，将探头左右移动，使波幅降到评定线，以用评定线绝对灵敏度法测定缺陷指示长度。

2）NB/T47013—2015标准关于缺陷指示长度计量的规定。

缺陷长度方向相邻的两缺陷,其长度方向间距小于其中较小的缺陷长度且两缺陷在与缺陷长度相垂直方向的间距小于5mm时，应作为一条缺陷处理，以两缺陷长度之和作为其指示长度（间距计入），如果两缺陷在长度方向投影有重叠，则以两缺陷在长度方向上投影的左、右端点间距离作为其指示长度。

（4）质量分级：缺陷定位定量之后，应根据缺陷的当量和指示长度结合有关标准的规定，评定其焊缝的质量级别。

① NB/T47013—2015标准将焊接接头质量分为Ⅰ、Ⅱ、Ⅲ 3个等级，其中Ⅰ级质量最高，Ⅲ级质量最低。

②GB11345—2013标准将焊接接头质量分为Ⅰ、Ⅱ、Ⅲ、Ⅳ 4个等级，其中Ⅰ级质量最高，Ⅳ级质量最低。

第三部分

超声波检测复习题

一、是非题

（一）基础知识

1. 金属的强度是指金属抵抗断裂的能力。（　）
2. 材料强度越高，塑性变形能力越高。（　）
3. 正常情况下，硬度较高的材料强度也较高。（　）
4. 强度较高的材料耐磨性较好。（　）
5. 焊缝中的各类缺陷会导致应力集中现象。（　）
6. 对钢铁的性质有决定性的影响。（　）
7. 合金相图中主要有铁素体、奥氏体、渗碳体3种主要相结构。（　）
8. 奥氏体具有强磁性。（　）
9. 奥氏体不锈钢不能进行淬火处理。（　）
10. 处理的基本工艺过程是由加热，冷却二个过程组成。（　）
11. 承压设备进行的消除应力退火主要目的是消除焊接等各类加工造成的残余应力。（　）
12. 制造焊接结构的锅炉压力容器所使用的碳素钢，含碳量一般不超过0.25%。（　）
13. 20#钢中平均含碳量为2%。（　）
14. 碱性焊条焊接的焊缝中含氢量低，抗裂性好。（　）
15. 焊缝又称为焊接接头。（　）
16. 可以通过降低焊接接头系数来减少无损检测的比例。（　）
17. 对接焊接接头由于接头处截面的改变，也存在一定程度的应力集中现象。（　）
18. 承压设备对接焊接接头不允许焊缝低于母材表面，但对余高没有限制。（　）
19. 在压力管道焊接中，多采用V型坡口。（　）
20. 焊接接头主要是由焊缝区、熔合区和热影响区构成。（　）
21. 焊接接头的薄弱部位位于熔合区和热影响区。（　）
22. 由于余高的存在使得焊缝截面增大，从而增加了受力面积，因而余高越高越安全。（　）
23. 焊接接头中组织性能最差的是熔合区和热影响区。（　）
24. 钢材的焊接性取决于钢的化学成分和机械性能。（　）
25. 焊接接头材料的焊接性越差，产生缺陷的可能性就越大。（　）
26. 钢材的焊接性取决于钢的化学成分，通常采用将合金元素折算成碳当量来估算焊接性。（　）
27. 低合金钢焊接时热影响区有比较大的淬硬倾向，容易导致冷裂纹。（　）
28. 应严格限制硫（S）在钢中的含量，以避免产生低温韧性降低的"冷脆"现象。（　）
29. 材料的工艺性能是指为保证机械零件、设备、结构等能正常工作，材料所应具备的性能，例如：强度、刚度、耐蚀性、热稳定性等。（　）
30. 锅炉的蒸发量决定于它的蒸发率和受热面积。（　）
31. 锅炉按制造管理分类可分为：A级、B级、C级、D级4级。（　）
32. 压力容器的设计压力应等于或略高于最高工作压力。（　）
33. 压力容器的主要工艺参数是介质、压力、温度和直径。（　）
34. 因为第三类压力容器的危险性最大，所有三类压力容器的制造工艺均比第一、二类压力容器复杂，验收标准也高。（　）
35. 压力容器的直径一般指其外径，单位用mm表示。（　）
36. 压力管道按介质的压力分为：超高压管道、高压管道、中压管道、低压管道和真空管道。（　）

37. 锅炉铭牌上标示的压力是锅炉的设计压力，也是其额定工作压力。（ ）

38. 锅炉按载热介质分类有蒸汽锅炉和热水锅炉两种。（ ）

39. 压力容器的危险性与压力高低和容积大小有关，与介质的特性及温度无关。 （ ）

40. 无损检测人员的特种设备检测工作质量应当接受各级质量技术监督部门的监督检查。（ ）

41. 所有的蒸汽锅炉，均可允许只安装一个安全阀。（ ）

42. 最高工作压力小于等于0.1MPa的压力容器不适用于《固定式压力容器安全技术监察规程》。（ ）

43. 《特种设备无损检测人员考核与监督管理规则》规定，申请复试的Ⅰ级人员，在参加指定内容的培训后，可直接换发人员证件。（ ）

44. 《特种设备无损检测人员考核与监督管理规则》中规定，无损检测持证人员可以同时在2个单位执业。（ ）

45. 根据《特种设备无损检测人员考核与监督管理规则》规定，检测报告的编制人、审核人所持证件中注明的聘用单位与签发报告单位不一致时，该检测报告无效。（ ）

46.《特种设备安全监察条例》所指的压力容器包含气瓶和医用氧舱。（ ）

（二）专业知识

1. 超声波在介质中的传播速度与频率成反比。（ ）

2. 超声波在同一固体材料中，传播纵波、横波时声阻抗都一样。（ ）

3. 超声波在介质中的传播速度即为质点的振动速度。（ ）

4. 超声波垂直入射到异质界面时，声强反射率等于声强透过率，两者之和等于1。（ ）

5. 超声波垂直入射到异质界面，声压往复透过率大于声强透过率。（ ）

6. 液体介质中只能传播纵波和表面波，不能传播横波。（ ）

7. 超声波垂直入射到异质界面时，界面一侧的总声压等于另一侧的总声压。（ ）

8. 超声波垂直入射到异质界面时，其声压反射率或透过率仅与界面两侧介质的声阻抗有关。（ ）

9. 根据介质质点的振动方向和波动传播方向的关系来区分，波的类型可分为纵波、横波、表面波和板波等。（ ）

10. 一般声束指向角越小，则主声束越窄，声能量越集中，从而可以提高对缺陷的分辨能力以及准确判断缺陷的位置。（ ）

11. 超声波倾斜入射到异质界面时，同种波型反射角等于入射角。（ ）

12. 介质的声阻抗越小，引起的超声波衰减越小。（ ）

13. 横波倾斜入射到钢/水界面时，水中既无折射横波，又无折射纵波。（ ）

14. 超声波检测气孔灵敏度较低，是因为超声波入射到气孔时，其反射波发散。（ ）

15. 超声波的近场长度与声源面积和频率成正比。（ ）

16. 理想的镜面大平底，对声波产生全反射。在远场区，随传播距离的增加，其回波声压减小。（ ）

17. 超声场近场区内声压起伏变化是由于波的干涉造成的。（ ）

18. 超声场远场区声压随距离增加单调减小是由于介质衰减的结果。（ ）

19. 超声波垂直入射到光滑平界面时，在任何情况下，透射波声压总是小于入射波声压。（ ）

20. 超声波(板波除外)在介质中的传播速度与晶片振动频率无关。（ ）

21. 同种波型的超声波，在同一介质中传播时，频率越低，其波长越长。（ ）

22. 超声波倾斜入射到异质界面时，同种波型的反射角等于第一临界角。（ ）

23. 超声波以12°角入射到钢/水界面时，同种波型的反射角等于12°。（ ）

24. 超声平面波不存在材质衰减。（ ）

25.声源面积不变，超声波频率越高，超声场的近场长度越长。（　）

26.声源辐射的超声波能量，均匀分布在超声波束的范围内。（　）

27.提高超声波频率，可改善声束指向性，提高检测灵敏度。（　）

28.探测根部未焊透缺陷时，一般不宜选用折射角为60°的斜探头。（　）

29.同频率的探头其扩散角与探头晶片尺寸成反比，近场区长度与晶片面积成正比。（　）

30.引起超声波在介质中衰减的主要原因是吸收和散射。（　）

31.超声波检测中广泛采用的是脉冲波，其特点是波源振动持续时间很长，且间歇辐射。（　）

32.为使工件中只有单一的横波，斜探头入射角应选择为第一临界角或第二临界角。（　）

33.超声场可分为近场区和远场区，轴线上最后一个声压极大值的位置至波源的距离称为超声场的近场长度。（　）

34.超声波的衰减主要取决于聚焦的形式，与传播介质的性质无关。（　）

35.超声耦合是指超声波在探测面上的声强透过率。（　）

36.超声波的能量全部集中在主波束内。（　）

37.当X≥3N时，横波声场轴线上的声压与纵波声场一样可视为球面波。（　）

38.超声波在介质中传播过程中，只有能量的传播，没有质点的迁移。（　）

39.实际应用的超声波探头中的波源近似活塞振动，当距波源的距离足够大时，活塞波近似于球面波。（　）

40.纵波声场存在近场区，横波声场不存在近场区。（　）

41.虽然晶片材料不同，但因声速相同，故该晶片产生的超声波频率也相同。（　）

42.工件表面较粗糙时，为防止探头磨损和保护晶片，宜选用软保护膜。（　）

43.双晶直探头晶片倾角越大，声束交点距离探测面越小，覆盖区越小。（　）

44.焊缝超声检测用斜探头，当楔块底面后部磨损较大时，其折射角将增大。（　）

45.调节探伤仪"抑制"旋钮时，抑制越小，仪器的动态范围越大。（　）

46.探伤仪中的发射电路可产生几百v到上千v的电脉冲去激励探头晶片振动。（　）

47.仪器与探头的工作频率是指仪器每秒钟内产生同步脉冲的次数。（　）

48.横波斜探头中压电晶片前无保护膜。（　）

49.CSKA-ⅡA试块上的人工缺陷是Φ1×6。（　）

50.灵敏度余量和分辨力都是仪器和探头的综合性能指标。（　）

51.曲面工件探伤时，探伤面曲率半径越小，耦合效果越好。（　）

52.采用当量法确定的缺陷尺寸，往往要小于缺陷的实际尺寸。（　）

53.超声波倾斜入射至缺陷表面时，缺陷反射波高随入射角的增大而增高。（　）

54.钢管水浸超声检测，如果钢管内无缺陷，荧光屏上除始波外，无其他波形出现。（　）

55.锻件超声检测中，如果缺陷引起底波明显下降或消失，说明锻件内存在较严重缺陷。（　）

56.半波高度法是相对灵敏度测长法的一种。（　）

57.钢管作手工接触法周向检测时，应从顺、逆时针两个方向各扫查一次。（　）

58.轴类锻件，一般来说以纵波直探头作径向探测，检测效果最佳。（　）

59.对饼形锻件，采用纵波直探头作径向探测是最佳的检测方法。（　）

60.在焊缝超声检测中，对于条状缺陷，如果只有一个高点，就要用6dB法测定缺陷的指示长度。（　）

61.脉冲反射法按照判断缺陷情况的回波性质分类，可分为缺陷回波法、底波高度法和多次底波法。（　）

62.锻件超声检测时，一般对定量要求较高，因此应选择垂直线性好，衰减器精度高的超声波探伤仪。（　）

63.超声检测前，探伤仪调节的主要内容是调节仪器的扫描速度和检测系统的水平线性。（　）

64.对于表面不太平整，曲率较大的工件，为了减小耦合损失，宜选用大晶片探头。（　）

65.利用工件底面回波调节检测灵敏度，由于是同材质，所以在对缺陷定量时也不需考虑材质衰减。（　）

66. 利用双晶直探头确定缺陷的边界或指示长度时，探头移动方向应与探头的声波分割面相垂直。（　）

67. 钢板在轧制过程中，缺陷往往沿压延方向延伸，因此探头移动方向应与压延方向垂直。（　）

68. 碳钢和低合金钢锻件超声检测时，灵敏度调整方法有两种，一种是试块对比法，另一种是大平底计算法。（　）

69. 碳钢和低合金钢锻件超声检测时，其扫查灵敏度一般不得低于最大检测声程处的Φ2mm平底孔当量直径。（　）

70. 钢对接焊缝超声检测中，根据在试块上测得的数据绘制而成的距离——波幅曲线，若要计入表面补偿6dB，则应将3条线同时上移6dB。（　）

71. 焊缝超声检测中，全面扫查的主要目的是对波幅超过评定线的反射波，判断其是否为缺陷。（　）

72. 为了保证检测时声程尽量小，焊缝超声检测时，应尽量采用较小折射角探头。（　）

73. Φ20×1.5的无缝钢管可按标准进行超声波检测。（　）

74. 标准规定高压无缝钢管的超声检测对象主要是针对纵向缺陷。（　）

75. 小径管超声检测时，调节灵敏度用的对比试样上人工缺陷为纵向槽，其断面形状为U型、V型或矩形。（　）

76. 标准规定，小径管水浸超声检测时，要求采用聚焦探头进行检测。（　）

77. 标准规定锻件超声检测时，当材质衰减系数超过4dB/m，在计算缺陷当量时，一般可不考虑修正。（　）

78. 碳钢和低合金钢锻件超声检测时，应记录当量直径超过Φ3mm的单个缺陷的波幅和位置。（　）

79. 碳钢和低合金钢各类锻件超声检测时，应记录大于或等于Φ4mm当量直径的缺陷密集区。（　）

80. 碳钢和低合金钢锻件的缺陷等级评定包括单个缺陷的等级评定，缺陷引起的底波降低量等级评定和密集区缺陷等级评定。（　）

81. 根据缺陷引起底波降低量来划分锻件质量等级的方法不适用于近场区内的缺陷。（　）

82. 钢焊缝超声检测中，波幅在判废线或判废线以上的缺陷应予以判废和返修，因此无需测长。（　）

83. 钢焊缝检测中标准规定缺陷定量检测时，检测灵敏度应调到评定线灵敏度。（　）

84. 标准规定，为了防止缺陷漏检，检测焊缝中纵、横向缺陷必须采用相同的扫查灵敏度。（　）

85. 板厚为20mm的对接焊缝，采用K=2的探头检测。若荧光屏上读出缺陷的水平距离为50mm，则缺陷深度为15mm。（　）

86. 标准规定曲面工件对接环缝超声检测时，对比试块的曲率半径应与检测面曲率半径一致。（　）

87. 标准规定：为检测焊缝中的纵向缺陷，无论母材厚度是多少，原则上应采用一种或两种K值探头在焊缝的单面双侧进行检测。（　）

二、选择题

（一）基础知识

1. 下述指标中，哪个不属于材料的力学性能（　）。
A.强度　　B.塑性　　C.韧性　　D.化学成分

2. 材料抵抗断裂的力学性能指标是（　）。
A.强度　　B.塑性　　C.韧性　　D.硬度

3. 金属材料的塑性通常采用哪种指标进行评定（　）。
A.抗拉强度和屈服强度　　B.屈服强度和伸长率
C.伸长率和断面收缩率　　D.断面收缩率和冲击韧性

4. 下列关于硬度的说法哪些是正确的（　）。

A.硬度试验方法通常有布氏硬度、维氏硬度、里氏硬度、洛氏硬度。

B.硬度数值越高，表明材料硬度越大。

C.硬度是指材料抵抗局部塑性变形或表面损伤的能力。

D.以上全对。

5.下面关于热处理的说法哪些是正确的（   ）。

A.热处理的基本工艺过程均是由加热、保温、冷却3个阶段构成的。

B.热处理的基本工艺过程均是由加热、冷却二个阶段构成的。

C.影响热处理的主要因素是温度和时间和加热方式。

D.在承压特种设备热处理工艺过程中，金属金相组织均发生了变化。

6.锻件中常见的缺陷有哪些（   ）。

A.缩孔和疏松+密集气孔+锻造裂纹   B.缩孔和疏松+锻造裂纹+白点

C.缩孔和疏松+夹砂+冷隔   D.以上全对

7.下列材料哪些属于低碳钢（   ）。

A. 1Cr18Ni9   B.16MnR   C.20R   D.15MnVR

8.钢号20R表示的是平均含碳量为（   ）。

A.2%   B.0.2%   C.0.2‰   D.20%

9.低碳钢中不属于杂质元素的是（   ）。

A.Fe和C   B.Mn和Si   C.S和P   D.N和H

10.下列材料哪些不属于低温用钢（   ）。

A.20R   B.16MnDR   C.09MnNiDR   D.0Cr18Ni9Ti

11.关于奥氏体不锈钢下列哪些说法是错误的（   ）。

A.奥氏体不锈钢既可以用作耐热钢也可以用于低温用钢   B.奥氏体不锈钢具有加工硬化特性

C.奥氏体不锈钢可以通过热处理来强化   D.奥氏体不锈钢无磁性

12.承压设备焊接中多使用（   ）。

A.酸性焊条   B.碱性焊条   C.焊丝

13.根据《锅炉压力容器压力管道焊工考试规则》，（   ）是手工电弧焊的代号。

A.SMAW   B.GTAW   C.SAW   D.GMAW

14.根据《锅炉压力容器压力管道焊工考试规则》，（   ）是钨级氩弧焊的代号。

A.SMAW   B.GTAW   C.SAW   D.GMAW

15.焊接接头包括：（   ）。

A.焊缝、熔合区、热影响区   B.焊缝、热影响区、母材

C.焊缝、熔合区、母材   D.焊缝、熔合区、热影响区、母材

16.关于焊接工艺评定哪些说法是正确的（   ）。

A.焊接工艺评定是在钢材焊接性能试验基础上进行的

B.焊接工艺评定的作用是评定施焊单位制定的焊接工艺指导书是否合适

C.焊接工艺评定应由本单位技术熟练焊工施焊

D.以上均正确

17.下列焊接接头对接接头中，承载后应力分布比较均匀的接头是（   ）。

A.对接接头   B.搭接接头   C.角接接头   D.T字接头

18.下列哪一种缺陷危害性最大（   ）。

A.圆形气孔   B.未焊透   C.未熔合   D.裂纹

19.下列材料中属于不锈钢的是（   ）

A.Q235A   B.20g   C.16MnR   D.1Cr18Ni9Ti

20.焊接接头中最薄弱的区域是（   ）

A.焊缝   B.熔合区   C.热影响区   D.母材

21.工业锅炉的三大安全附件是（   ）

A.安全阀，压力表，水位计   B.安全阀，压力表，水位警报器

C.压力表，水位计，排污阀   D.安全阀，压力表，排污阀

22."容规"定义的压力容器是（   ）。

A.最高工作压力≥0.1MPa

B.内直径≥0.15m,且容积≥0.025m^3

C.盛装介质为气体、液化气体或最高工作温度高于等于标准沸点的液体

D.以上应同时具备

23.特种设备无损检测人员资格证书由下列那一机构颁发（   ）。

A.国家质检总局   B.全国考委会   C.省质检局   D.省考委会

24.《特种设备无损检测人员考核与监督管理规则》规定：从事特种设备无损检测工作的人员应当按本规则进行考核，取得（   ）统一颁发的证件，方可从事相应方法的特种设备无损检测工作。

A.国家质量监督检验检疫总局   B.省级质量技术监督局

C.市级质量技术监督局   D.以上均可

25.压力容器对接接头的无损检测比例分为：（   ）。

A.100%   B.50%   C.20%   D.以上都是

26.压力容器使用有再热裂纹倾向的材料，应在（   ）进行无损检测。

A.焊缝热处理前   B.焊缝热处理后

C.焊缝热处理前和焊缝热处理后   D.水压试验后

27.锅炉按结构分类为（   ）。

A.水管锅炉   B.锅壳锅炉   C.以上两种   D.以上都不对

28.锅炉的主要参数（   ）。

A.容量   B.压力   C.温度   D.以上全部

29.压力容器制造时，划分压力容器类别的压力条件指的是：（   ）。

A.设计压力   B.最高允许工作压力   C.安全开启压力   D.工作压力

（二）专知知识

1.在同种固体材料中，声速与波的类型之间的关系为（   ）。

A.$C_L < C_S < C_R$ B.$C_L > C_S > C_R$ C.$C_L > C_R > C_S$ D.以上都不对

2.在反射、折射定律中，任何一种波的反射波或折射波所对应角度的正弦与相应的声速之比是（   ）。

A.$\sin \alpha_L / C_L = \sin \beta_S / C_S$ B.$\sin \alpha_L / C_L < \sin \beta_S / C_S$ C.$\sin \alpha_L / C_L > \sin \beta_S / C_S$ D.以上都不对

3.当超声波倾斜入射到异质界面时，将产生（   ）。

A.反射   B.折射   C.波型转换   D.以上都对

4.在同一界面上，声强反射率R与声强透过率T之间的关系是（   ）。

A.$R+T=1$ B.$T=1-R$ C.$R=1-T$ D.以上全对

5.根据反射、折射定律，第一临界角α_I产生的条件是（   ）。

A.$\alpha_I = \arcsin C_{L1} / C_{L2}$ B.$\alpha_I = \arccos C_{L1} / C_{L2}$ C.$\alpha_I = \operatorname{arctg} C_{L1} / C_{L2}$ D.以上都不对

6. 探测钢材用的K=2斜探头，探测铜材时（C_L=4700m/S，C_S=2260m/S），其K值将（　　）。

A.大于2　　B.等于2　　C.小于2　　D.以上都可能

7. 超声检测采用较高的探测频率，有利于：（　　）。

A.发现较小的缺陷　　B.区分开相邻的缺陷　　C.改善声束指向性　　D.以上全部

8. 超声波是频率超出人耳听觉的弹性机械波，其频率范围约为：（　　）。

A.高于20000Hz　　B.1～10 MHz　　C.高于200Hz　　D.0.5～20MHz

9. 机械波的波速取决于：（　　）。

A.机械振动中质点的速度　　B.机械振动中质点的振幅　　C.机械振动中质点的振动频率　　D.弹性介质的特性

10. 在大多数液体中只能传播的声波波型是：（　　）。

A.剪切波　　　　B.瑞利波　　　　C.疏密波　　　　D.兰姆波

11. 在同一固体介质中，当分别传播纵、横波时，它的声阻抗将是：（　　）。

A.一样　　　　B.传播横波时大　　　　C.传播纵波时大　　　　D.无法确定

12. 质点振动方向垂直于波的传播方向的波是：（　　）。

A.纵波　　　　B.横波　　　　C.表面波　　　　D.兰姆波

13. 超声波垂直入射到异质界面时，反射波与透过波声能的分配比例取决于：（　　）。

A.界面两侧介质的声速　　　　B.界面两侧介质的衰减系数　　　　C.界面两侧介质的声阻抗　　　　D.以上全部

14. 在同一界面上，声强透射率T与声压反射率r之间的关系是：（　　）。

A.T=r2　　　　B.T=1－r2　　　　C.T=1+r　　　　D.T=1－r

15. 要在工件中得到纯横波，探头入射角必须：（　　）。

A.大于第二临界角　　B.大于第一临界角　　C.在第一、第二临界角之间　　D.小于第二临界角

16. 为使纵波倾斜入射到钢/空气界面的反射率较高，则α_L应为：（　　）。

A.33.2　　B.33　　C.60　　D.以上都不是

17. 横波入射时，为使端角反射率达到最高，则αS应为：（　　）。

A.30°　　　　B.60°　　　　C.35～55°　　　　D.以上都不是

18. 晶片直径D=20mm的直探头，在钢中测得其第一零值发散角为10°，该探头的频率约为：（　　）。

A.2.5MHz　　　　B.5MHz　　　　C.4MHz　　　　D.2MHz

19. 大平底面回波声压公式是：（　　）。

A. $P = \dfrac{P_oF_s}{\lambda x}$　　　　B. $P = \dfrac{P_oF_s}{\lambda x}\dfrac{l_f}{2x}\sqrt{\dfrac{D_f}{\lambda}}$　　　　C. $P = \dfrac{P_oF_s}{2\lambda x}$　　　　D. $P = \dfrac{P_oF_s}{2\lambda x}\sqrt{\dfrac{D}{d}}$

20. 平面波在曲界面上反射波聚焦与发射的依据是（　　）。

A.凹曲面的反射波聚焦　　　　　　　　　　B.凸曲面的反射波发散

C.反射波波阵面的形状取决于曲界面的形状　　D.以上都对

21. 超声场的近场区长度与波源面积及波长的关系是（　　）。

A.近场区长度与波源面积及波长成正比　　　　B.近场区长度与波源面积及波长成反比

C.近场区长度与波源面积成正比，与波长成反比　　D.近场区长度与频率成正比，与波源面积成反比

22. 超声波检测中避免在近场区定量的原因是（　　）。

A.近场区的回波声压很高，定量不准确

B.近场区检测时，由于探头存在盲区，易形成漏检

C.在近场区检测时，处于声压极大值处的较小缺陷可能回波较高，而处于声压极小值处的较大缺陷可能回波较低，容易出现误判

D.以上都对

23. 当X≥3N时，在探测条件相同的情况下，回波声压与平底孔直径的关系是（　　）。

A.与直径成正比　　　　　　B.与直径的平方根成正比　　　　　C.与直径的平方成正比　　　　D.以上都不对

24. 超声场未扩散区与近场区长度之间的关系是（　　）。

A.b=0.6N　　　B.b=1.6N　　　C.b=1.64N　　　D.b=3N

25. 在相同的声压下，材料的声阻抗越大，质点振动速度就越小，因此声阻抗表示（　　）。

A.超声场中介质对质点振动的阻碍作用　　　　B.超声场中材质的晶粒对超声波的衰减作用

C.反射波和透过波的声能分配比例　　　　D.以上都对

26. 斜探头横波声场近场区分布在两种介质中，在晶片尺寸和频率相同时近场区长度随入射角的增大而（　　）。

A.增大　　　B.不变　　　C.减小　　　D.都有可能

27. 钢锻件超声检测中，超声波的衰减主要取决于（　　）。

A.材料的表面状态　　　B.材料晶粒度的影响　　　　C.材料的几何形状　　　D.材料对超声波的吸收

28. 检测厚度大于400mm的钢锻件时，如减少纵波的声源面积，其声速将（　　）。

A.提高　　　B.降低　　　C.不变　　　D.都有可能

29. 活塞波声源，声束轴线上最后一个声压极小值到声源的距离为（N为近场区长度）（　　）。

A.N　　　B.$N/2$　　　C.$N/3$　　　D.$N/4$

30. 频率和晶片尺寸相同时，横波与纵波相比，其指向性（　　）。

A.较好　　　B.较坏　　　C.一样　　　D.以上都不对

31 超声波传播过程中，遇到尺寸与波长相当的障碍物时将发生（　　）。

A.无绕射只反射　　　B.只绕射无反射　　　　C.既绕射又反射　　　　D.以上都可能

32. 超声波的扩散衰减主要取决于（　　）。

A.波阵面的几何形状　　　B.材料的晶粒度　　　　C.材料的粘滞性　　　　D.以上全部

33. 下面有关半扩散角的叙述，（　　）点是错误的。

A.用第一零辐射角表示　　　B.与指向角相同　　　　C.为指向角的一半　　　　D.是主声束辐射锥角之半

34. 超声波横波倾斜入射到钢/水界面，则（　　）。

A.纵波折射角大于入射角　　　B.横波折射角小于入射角　　　　C.横波折射角大于入射角　　　D.以上全不对

35. 超声波波速C，波长 λ 与频率f之间的关系为（　　）。

A.C= λ f　　　B.f=C λ　　　C. λ =fC　　　D.C=f2 λ

36. 在频率和材料等探测条件相同的情况下，横波的衰减（　　）纵波的衰减。

A.小于　　　B.大于　　　C.等于　　　D.不一定大于

37. 波动过程中，单位时间内波动传播的距离称为（　　）。

A.波长　　　B.周期　　　C.波速　　　D.频率

38. 超声纵波倾斜入射到界面时，使横波折射角 β =90° 时对应的纵波入射角称为（　　）。

A.第一临界角 α Ⅰ　　　B.第二临界角 α Ⅱ　　　C.第三临界角 α Ⅲ　　　D.扩散角

39. 纵波斜入射时，使第二介质中只存在折射横波的条件是（　　）。

A.α L< α Ⅰ　　　B.α L≥ α Ⅰ　　　C.α Ⅰ< α L< α Ⅱ　　　D.α L> α Ⅲ

40. 横波斜入射时，使纵波全反射的条件是（　　）。

A.α L≤ α Ⅰ　　　B.α L≥ α Ⅱ　　　C.α S≥ α Ⅲ　　　D.α S< α Ⅲ

41. 纵波垂直入射到水/钢界面时的声压反射率为94%，则声强透射率为(B)，声强反射率为（　　）。

A.88.4%　　　B.11.6%　　　C.6%　　D.94%

42. 平面波入射到（　　）上，其反射波聚焦。

A.凸曲面　　　B.凹曲面　　　C.平界面　　　D.与界面形状无关

43. 超声波垂直入射到均匀介质中的异质薄层，当薄层厚度d2与薄层内波长 λ 2符合（　　）时，超声波全透射。

A.d_2= λ $_2$/4　　　B.d_2= λ $_2$/2　　　C.d_2= λ $_2$3/4　　　D.d_2=4 λ $_2$/5

44. 超声场近场区出现声压极大值，极小值是由于（　）造成的。

A.波的绕射　　B.波的干涉　　C.波的衰减　　D.波的传播

45. 在超声场中，（　）声压随距离增加单调减少，（　）内缺陷一概不能发现。

A.近场区　　B.远场区　　C.盲区　　D.未扩散区

46. 当波源直径一定，探头频率增加时，其近场区长度将（　）。

A.增加　　B.减少　　C.不变　　D.与频率无关

47. 当探头频率一定，波源直径增加时，半扩散角将（　）。

A.增加　　B.减少　　C.不变　　D.与直径无关

48. 下列4种直探头中，近场区长度最小的是（　）。

A.2.5P20Z　　B.2.5P14Z　　C.5P20Z　　D.5P14Z

49. 下列4种直探头中，半扩散角最小的是（　）。

A.2.5P20Z　　B.2.5P14Z　　C.5P20Z　　D.5P14Z

50. A型显示探伤仪从荧光屏上可获得的信息是（　）。

A.缺陷取向　　　　B.缺陷指示长度　　　　C.缺陷波幅和传播时间　　D.以上全部

51. 脉冲波超声检测仪在检测过程中，通过激励探头能够产生的是：（　）。

A.电振荡　　　　B.超声连续波　　　　C.超声脉冲波　　　　D.电信号

52. 超声波A型脉冲反射法检测时，检测人员可以通过显示器横坐标上缺陷回波的所处的刻度来确定工件中（　）。

A.缺陷的大小　　　B.缺陷的深度　　　C.缺陷的长度　　　D.缺陷的类型

53. 超声波A型脉冲反射法检测时，在屏幕上左侧起始位置显示出来的脉冲信号，我们一般称为：（　）。

A.缺陷回波　　　　B.工件底波　　　　C.始波　　　　D.界面回波

54. 超声检测仪的接收电路的性能对检测仪性能影响极大，以下哪一项不属于它直接影响到检测仪的技术指标：（　）。

A.垂直线性　　　　　　B.水平线性　　　　　　C.检测灵敏度　　　　　　D.动态范围

55. 在用单晶片探头以脉冲反射法进行检测时，我们将不能发现缺陷的工件初始深度距离称为盲区，这主要由以下现象造成：（　）。

A.始波　　　　　　B.阻塞　　　　　　C.延迟　　　　　　D.A和B

56. 如果在超声检测仪器使用过程中未关机的状态下接入了充电器并进行充电，此时有可能对仪器（　）。

A.造成损坏　　　　　B.造成干扰　　　　　C.造成死机　　　　　D.没有影响

57. 探头与检测仪器的连接需采用高频同轴电缆，在日常使用过程中应尽量避免以下哪些情况：（　）。

A.扭曲　　　　　B.重压　　　　　C.拔或拽　　　　　D.以上全部

58. 超声检测仪器开始使用时，接通电源后，图像在短时间内消失，该种现象的故障原因是：（　）。

A.内存混乱　　　　　B.电池的电量不足　　　　　C.程序出错　　　　　D.按键坏了

59. 脉冲反射式测厚仪开始进行测厚前，要先校准仪器的（　）。

A.前沿　　　　　　B.灵敏度　　　　　　C.不需校准　　　　　　D.下限和线性

60. 脉冲反射式测厚仪进行测厚前，要根据工件厚度来选择探头。工件较薄时，宜选用（　）。

A.单晶聚焦探头　　　　B.双晶探头　　　　C.单晶探头　　　　D.表面波探头

61 探头中的阻尼块紧贴在压电晶片或楔块后面，以下哪一条不是它起的作用（　）。

A.改善波束的指向性　　　　　B.使超声波的分辨力提高

C.吸收晶片向其背面发射的超声波　　D.对晶片起支承作用

62. 接触式纵波斜探头是入射角（　）的探头，目的是利用小角度的纵波进行缺陷检测，或利用纵波穿透能力强的特点进行检测。

A.大于等于第一临界角　　　B.小于第一临界角　　　C.大于等于第二临界角　　　D.大于等于第三临界角

63. 型号为5P9×9K2.5的探头，其中符号为P的英文字母代表的是：（　　）。

A.探头的频率　　　　　　B.探头的种类　　　　　　C.探头晶片材料的代号　　　　D.探头的特征

64. 纵波双晶直探头有两块压电晶片，通过改变压电晶片的倾斜角度来确定纵波入射角。纵波入射角α逐渐增大，则检测近表面缺陷的灵敏度：（　　）。

A.提高　　　　　　　　B.降低　　　　　　　C.不变　　　　　　D.无关系

65. 为了保证检测结果的准确性、可重复性和可比性，必须用简单的几何形状人工反射体或模拟缺陷的试样对检测系统进行校准。其中平底孔人工反射体具有的特征是：（　　）。

A.线状反射体特征　　　　　B.点状反射体特征　　　　　C.面积型反射体特征　　　　　D.线性缺陷特征

66. 长横孔人工反射体具有轴对称的特点，反射波幅比较稳定，有线性缺陷的特征，通常使用在（　　）的超声检测中。

A.锻件　　　　　　　　B.钢板　　　　　　　C.焊接对接接头　　　　　　D.钢管

67. 超声检测用试块通常分为标准试块、对比试块和模拟试块。其中对比试块主要用于（　　）的超声检测中。

A.检测方法的研究　　　　　　　B.人员资格的考核和评定

C.评价和验证检测系统的检测能力　　　D.检测校准及评估缺陷的当量尺寸

68. 超声检测标准试块通常由权威机构制定的试块，其特性和制作要求有专门的标准规定，其主要用于（　　）的超声检测中。

A.检测方法的研究　　　　B.人员资格的考核和评定　　　C.仪器探头系统性能校准　　　D.评估缺陷的当量尺寸

69. 超声检测标准试块通常由权威机构制定的试块，以下哪一块试块可以用作标准试块（　　）。

A.人员资格的考核试块　　　　B.自己制作的与工件材质和形状相近的试块

C.CSKA－ⅠA试块　　　　　D.半圆试块

70. 超声检测标准试块CSKA－ⅠA是在ⅡW试块基础上改进后得到的，其将R100改为R100、R50阶梯圆弧，是便于：（　　）。

A.测出横波斜探头的分辨力　　　B.测出横波斜探头的K值

C.测出横波斜探头的前沿　　　　D.调整横波扫描速度和检测范围

71. 超声检测对比试块的厚度应与被检工件厚度相对应，如果涉及不同工件厚度对接接头的检测，试块厚度的选择应按（　　）确定。

A.较小工件厚度　　　　B.较大工件厚度　　　　C.平均工件厚度　　　　D.不同工件厚度间的任意厚度

72. 超声检测校准、核查和运行核查时，应在（　　）上进行。

A.标准试块　　　　　B.对比试块　　　　　C.模拟试块　　　　D.以上都是

73. 探头在超声试块上进行测试时，应使探头主声束垂直对准反射体的反射面，是为了获得（　　）。

A.最大的反射信号　　　B.最小的反射信号　　　C.最高的灵敏度　　　D.最低的灵敏度

74. 超声检测试块在日常的维护和使用的过程中，应注意以下哪一项：（　　）。

A.防止碰伤　　　　　B.防止锈蚀　　　　　C.防止变形　　　　D.以上都是

75. 以下哪一项不是超声检测仪和探头的组合性能：（　　）。

A.灵敏度余量　　　　B.分辨力　　　　　C.信噪比和频率　　　　D.动态范围

76. 超声检测仪和探头的组合性能的测试中，盲区项目的测定可以用CSKA－ⅠA试块中的哪一处进行：（　　）。

A.圆弧阶梯面　　　　　　　B.上测试面对准85、91和100mm矩形槽之处

C.利用厚度25mm多次反射波　　D.有机玻璃孔上测试面

77. 超声波频率增加时，分辨力将（　　）。

A.提高　　B.不变　　C.降低　　D.以上都可能

78. 超声波检测中，分辨相邻两缺陷的能力称为（　　）。

A.灵敏度　　B.分辨力　　　C.水平线性　　D.盲区

79. 以下几种试块中，能用于测定横波斜探头分辨力的是（　　）。

A.IIW　　B.IIW2　　C.CSKA–IA　　D.CS–1

80. 以下几种试块中，能用于估计盲区范围的是（　　）。

A.CSKA–IA　B.CSKA–ⅢA　　C.IIW2　　D.CS–2

81. 超声波检测中，示波屏上有用的最小缺陷信号幅度与无用的噪声杂波幅度之比称为（　　）。

A.分辨力　　B.盲区　　C.信噪比　　D.灵敏度

82. 超声波检测中，X≥3N时，选用高频率、大晶片尺寸的探头，其优点是（　　）。

A.波长短有利于探测小缺陷　　　　　　　　B.指向性好，能量集中

C.晶片大幅射声能大，有利于探测远离的缺陷　D.以上全部

83. 工件表面形状不同时，对耦合效果将产生不同影响，下面的说法中（　　）是正确的。

A.平面最好，凸曲面居中，凹曲面效果最差

B.凹曲面最好，平面居中，凸曲面效果最差

C.凸曲面最好，凹曲面居中，平面效果最差

D.以上都不对

84. 超声检测中，当检测面比较粗糙时，宜选用（　　）。

A.较低频探头　B.较粘的耦合剂　　C.软保护膜探头　D.以上都对

85. 根据仪器示波屏上显示的缺陷波形进行判断的方法，被称为：（　　）。

A.底波高度法　　　　B.缺陷回波法　　　C.多次底波法　　　　D.横波法

86. 以下哪种检测方法穿透能力强，对晶界反射或散射的敏感性不高，可检测的工件厚度时几种波形中最大的：（　　）。

A.纵波法　　　　B.横波法　　　C.表面波法　　　　D.斜射法

87. 对某工件采用纵波斜探头法进行探伤，工件中存在的波形为（　　）。

A.纵波　　　　B.横波　　　C.纵波+横波　　　D.表面波

88. 在常规超声检测中，操作方便，大多数缺陷可检出，目前使用最广的是：（　　）。

A.并列式双探头法　　　B.多探头法　　　　C.交叉式双探头法　　　D.单探头法

89. 以下哪一项不是液浸法的优点：（　　）。

A.耦合稳定　　　　B.表面粗糙度影响小　　　　C.可缩小检测盲区　　　D.需要的能量较低

90. 若要对某缺陷进行精确定位，应选择下列哪种性能较好的仪器：（　　）。

A.水平线性　　　　B.垂直线性　　　　C.信噪比　　　　D.盲区小

91. 在检测大厚度焊缝时，以下哪种探头参数的选择是不合适的：（　　）。

A.选择大晶片探头　　　　B.选择频率较低的探头　　　C.选择K值较大的探头　　　　D.窄带探头

92. 超声检测时扫描基线的调整目的是为了：（　　）。

A.评定缺陷大小　　　B.判断缺陷性质　　　C.确定缺陷位置　　　　D.测量缺陷长度

93. 超声检测时时基线扫描速度为1：2，则仪器示波屏上水平度10mm表示实际声程为：（　　）。

A.10mm　　　　B.5mm　　　　C.15mm　　　　D.20mm

94. 以下哪一条不是超声检测时基线调整的目的：（　　）。

A.使时基线包含需检测的深度范围　B.使时基线刻度与传播距离成一定比例

C.准确的测定缺陷的位置　　　　D.准确的判断缺陷的大小

95. 下列有关水平位移旋钮的叙述中，错误的是：（　　）。

A.调节时基线和整个图形左右移动，进行零位调节　B.调节时基线，使其与超声波在工件的传播时间成比例

C.水平位移旋钮属于调节显示器的旋钮　　　　D.水平位移旋钮也称零位调节旋钮

96. 调整检测灵敏度目的是：（ ）。

A.发现规定大小的缺陷　　B.判断缺陷性质　　C.发现工件中的最小缺陷　　D.准确测量缺陷的位置

97. 试块调整法用来调整检测灵敏度，以下哪种说法是正确的：（ ）。

A.适用厚度不限　　　　　　　B.只能用于厚度小于3N的工件

C.只能用于厚度小于2N的工件　　D.只能用于厚度大于3N的工件

98. 焊缝横波超声检测中，通常采用以下哪种方法调整检测灵敏度（ ）。

A.大平底法　　　　B.通用AVG曲线法　　　C.专用AVG曲线法　　　D.距离–波幅曲线法

99. 用纵波直探头检测，时基线比例为1∶2，在水平刻度50处有一缺陷回波，则缺陷至探头的距离为（ ）。

A.25　　　　　B.50　　　　C.100　　　　D.150

100. 用纵波直探头检测，时基线比例为2∶1，在水平刻度50处有一缺陷回波，则缺陷至探头的距离为（ ）。

A.25　　　　　B.50　　　　C.100　　　　D.150

101. 用纵波直探头检测，下列哪一因数可能导致缺陷不在探头正下方（ ）。

A.仪器垂直线性不佳　　　B.仪器水平线性不佳　　　C.仪器衰减器精度不准　　　D.探头主声速存在偏离

102. 直探头纵波探伤时，工件上下表面不平行会产生（ ）。

A.底面回波变宽　　　　B.底面回波正常　　　C.底面回波降低或消失　　　D.底面回波变窄

103. 用横波斜探头检测，时基线比例调节为声程1∶2，在水平刻度50处有一缺陷回波，则缺陷至探头入射点的声程距离为（ ）。

A.25　　　B.50　　　C.100　　　D.150

104. 用K1.5横波斜探头检测，时基线比例调节为水平1∶1，在水平刻度50处有一缺陷回波，则缺陷至探头入射点的水平距离为（ ）。

A.75　　　　　B.50　　　　C.100　　　　D.150

105. 当采用横波斜探头从外圆周向检测筒体工件时，以下说法正确的是（ ）。

A.探头K值越小检测厚度越大　　B.探头K值越大检测厚度越大

C.检测厚度与探头K值无关　　　D.探头频率越大检测厚度越大

106. 超声检测中缺陷当量小的缺陷实际尺寸（ ）。

A.一定大　　　　　　B.一定小　　　　　　C.不一定小　　　　　　D.与当量尺寸一样

107. 以下哪种方法不是根据测定缺陷长度时灵敏度基准的不同而确定的，（ ）。

A.相对灵敏度法　　　B.绝对灵敏度法　　　C.底面回波法　　　D.端点峰值法

108. 半波高度法又称（ ）。

A．3dB法　　　　　B.6dB法　　　　　C.9dB法　　　　　D.12dB法

109. 超声检测缺陷评定的主要内容不包括（ ）。

A.水平位置的确定　　　B.深度位置的确定　　　C.缺陷尺寸的评定　　　D.缺陷性质的评定

110. 纵波直探头检测技术缺陷尺寸的评定不包括（ ）。

A.缺陷位置的确定　　　B.缺陷回波幅度的确定　　　C.当量尺寸的评定　　　D.缺陷延伸长度的确定

111. 如果操作人员在测量K值时发生了偏差，将会影响以下哪一数据的准确性（ ）。

A.缺陷的最大波幅　　　B.缺陷的定位　　　C.缺陷的定性　　　D.缺陷的长度

112. 横波斜探头检测时，若探头斜楔前面磨损，下列哪一说法是正确的（ ）。

A.探头K值减小　　　B.探头K值增大　　　C.探头K值不变　　　D.探头应更换

113. 以下哪一因素对缺陷的定量没有影响（ ）。

A.仪器的水平线性　　　B.衰减器精度　　　C.仪器的垂直线性　　　D.缺陷的取向

114. 直探头检测上下底面平行的锻件时，若底面粗糙，则底波将（ ）。

A.升高　　　B.降低　　　C.不变　　　D.以上都有可能

115. 直探头检测上下底面平行的锻件时，若底面有油污，则底波将（ ）。

A.升高　　　　B.降低　　　　C.不变　　　　D.以上都有可能

116. 以下哪种回波是缺陷回波（ ）。

A.迟到波　　　　B.61度反射波　　　　C.三角反射波　　　　D.试块中平底孔的回波

117. 大口径钢管手工接触法检测时，对平行于管轴的纵向缺陷，应选择的探头和扫查方法是（ ）。

A.直探头作径向扫查　　B.斜探头作周向扫查　　　　C.直探头作轴向扫查　　D.以上都不对

118. 小口径薄壁管对接焊缝超声检测时，对探头的要求是（ ）。

A.晶片面积小、前沿短　　　　B.频率高　　　　C.折射角大　　　　D.以上都对

119. 厚板焊缝斜角检测时，容易漏掉（ ）缺陷。

A.与表面垂直的裂纹　　B.方向无规律的夹渣　　　　C.根部未焊透　　　　D.与表面平行的未熔合

120. 采用斜探头对钢管作周向接触法检测时，钢管内外径之比越大，则入射角的选择范围将（ ）。

A.越小　　B.不变　　C.越大　　D.以上都不对

121. 超声波检测时，缺陷的特征是指缺陷的（ ）。

A.形状大小　　B.取向　　C.密集程度　　D.以上全部

122. 脉冲反射法按照判断缺陷情况的回波性质分类，可分为（ ）。

A.缺陷回波高度法　　B.底面回波高度法　　　　C.底面多次回波法　　D.以上全部

123. 超声检测中需经常校验探头K值的原因是（ ）。

A.K值是不稳定的数据　　　　　　　　　　　　B.K值随电压的变化而变化

C.K值常因斜楔中的声速及磨损程度不同而发生变化　　　　D.以上都不对

124. 焊缝超声检测时应正确调整仪器扫描比例，其目的是（ ）。

A.对缺陷准确定位　　　　B.判断缺陷波幅　　　　C.判定结构反射波和缺陷波　　D.以上A和C

125. 采用列线扫查探测钢板时，一般列线方向应与钢板压延方向（ ）。

A.平行　　B.垂直　　C.倾斜　　D.成45°

126. 标准规定，锻件超声检测灵敏度不应低于（ ）。

A.Φ2当量平底孔　　　　B.Φ3当量平底孔　　　　C.Φ4当量平底孔　　　　D.Φ2当量长横孔

127. 标准规定，计算缺陷当量时，当材质衰减系数超（ ）时，应考虑衰减系数修正。

A.4dB/mm　　B.4dB/m　　C.0.4dB/mm　　D.0.4dB/m

128. 标准规定探头的扫查灵敏度至少应比基准灵敏度高（ ）。

A.3dB　　B.4dB　　C.6dB　　D.12dB

129. 标准规定，超声检测时，遇有（ ）应随时对扫描线和灵敏度进行复核。

A.校准后的探头，耦合剂和仪器调节旋钮发生改变时

B.开路电压波动或者检测人员怀疑灵敏度有变化时

C.连续工作四小时以上或工作结束时

D.以上均是

130. 标准规定，高压无缝钢管对比试样中V型槽的角度可为（ ）。

A.15　　B.30　　C.45　　D.60

131. 焊缝超声检测时，若采用一次反射法或串列式扫查法检测，则探头移动区应为（ ）P（P为跨距mm）。

A.0.75　　B.1.25　　C.1.5　　D.2

132. 标准规定钢焊缝超声检测时，测定缺陷指示长度的方法为（ ）。

A.当量法　　　　B.6dB法、端点6dB法或绝对灵敏度法　　　　C.公式计算法　　D.底波消失法

133. 使用CSK-ⅡA试块，对25mm壁厚的钢焊缝进行超声检测，其定量线灵敏度为（ ）。

A.Φ2×40+2dB　　　　B.Φ2×40-4dB　　　　C.Φ2×40-18dB　　　　D.Φ2×40-12dB

134. 超声检测宽度为20mm的对接焊缝，板厚为40mm，检测区域应为（　　）宽。

A.最小10mm　　　B.最大20mm　　　C.40mm　　　D.44mm

135. 对接焊缝超声检测时，已按有关规定在荧光屏上绘制好距离—波幅曲线，若用于检测横向缺陷，应将各线灵敏度均提高（　　）。

A.3dB　　B.6dB　　C.8dB　　D.12dB

136. 用K=2的探头检测20mm厚的对接焊缝，探头移动区长度为（　　）mm。

A.80　　B.100　　C.130　　D.160

137. 超声检测钢焊缝时，对所有反射波幅超过（　　）的缺陷，均应确定其位置，最大反射波幅和缺陷指示长度。

A.评定线　　B.定量线　　C.判废线　　D.基准波高

138. 钢板缺陷的主要分布方向是（　　）。

A.平行于或基本平行于钢板表面　　B.垂直于钢板表面　　C.分布方向无倾向性　　D.以上都可能

139. 钢板中常见的缺陷有（　　）。

A.分层　　B.折叠　　C.白点　　D.以上全部

140. 钢板超声波检测主要应采用（　　）。

A.纵波直探头　　　B.表面波探头　　　C.横波直探头　　　D.聚焦探头

141. 下面关于钢板超声波检测的叙述，哪一条是正确的（　　）。

A.若出现缺陷波的多次反射，缺陷尺寸一定很大　　　B.无底波时，说明钢板无缺陷

C.钢板中不允许存在的缺陷尺寸应采用当量法测定　　　D.钢板超声波检测应尽量采用低频率

142. 钢板厚为30mm，用水浸法检测，当水层厚度为15mm时，则第三次底面回波显示于（　　）。

A.二次界面回波之前　　　B.二次界面回波之后　　　C.一次界面回波之前　　　D.不一定

143. 用水浸法检测板厚40mm的钢板，要求钢板四次底波与第二次界面波重合，其水层厚度应取（　　）。

A.20mm　　　B.30mm　　　C.40mm　　　D.80mm

144. 钢板超声波探伤，探头的选择考虑的因素哪一条是正确的（　　）。

A.探头频率　　　B.探头直径　　　C.探头结构形式　　　D.以上都是

145. 下面所列钢板超声波探伤采用的主要扫查方式，哪一条是不正确的（　　）。

A.全面扫查　　　B.列线扫查　　　C.锯齿形扫查　　　D.边缘扫查

146. 超声波检测板厚90mm的钢板，检测范围的调整至少要达到（　　）。

A.360mm　　　B.400mm　　　C.450mm　　　D.900mm

147. NB/T47013标准规定的调节钢板探伤灵敏度的方法是（　　）。

A.平底孔试块法　　　B.底波法　　　C.阶梯试块法　　　D.以上都是

148. 钢板超声波检测，需要测定缺陷的哪些数据（　　）。

A.缺陷的深度　　　B.缺陷的平面位置　　　C.缺陷的大小　　　D.以上都是

149. 钢板超声波检测过程中，若检测人员确认钢板中有白点、裂纹等危害性缺陷存在时，应直接评为（　　）。

A.Ⅲ级　　　B.Ⅳ级　　　C.V级　　　D.Ⅵ级

150. 无缝钢管缺陷分布的方向有（　　）。

A.平行于钢管轴线的径向分布　　　B.垂直于钢管轴线的径向分布

C.平行于钢管表面的层状分布　　　D.以上都可能

151. 从超声波检测钢管的角度来看，一般用以下何种方式来区分薄壁管和厚壁管（　　）。

A.以折射横波是否可以到达管材内壁来区分　　　B.以折射横波是否可以到达管材外壁来区分

C.以折射纵波是否可以到达管材内壁来区分　　　D.以折射纵波是否可以到达管材外壁来区分

152. 钢管原材料超声波探伤试样中的参考反射体是（　　）。

A.横孔 　　　　　　B.平底孔 　　　　　　C.槽 　　　　　　D.竖孔

153. 管材水浸聚焦自动检测时，为使管材界面回波不致于干扰对缺陷波的判别，要求水层厚度H满足以下哪个条件（ ）。

A.H＞钢管中一次波声程　　　　　B.H＞钢管中一次波声程的1/2

C.H＞钢管中一次波声程的2倍　　D.H＞钢管中一次波声程的1/4

154. 锻件缺陷包括（ ）

A.原材料缺陷 　　　　B.锻造缺陷 　　　　C.热处理缺陷 　　　　D.以上都有

155. 锻件中的白点是在锻造过程中哪个阶段形成（ ）。

A.加热 　　　　　　B.形变 　　　　　　C.成型 　　　　　　D.冷却

156. 锻件中非金属夹杂物的取向最可能的是（ ）。

A.与主轴线平行 　　B.与锻造方向一致 　　C.与锻件金属流线一致 　　D.与锻件金属流线垂直

157. 轴类锻件最主要检测方向是（ ）。

A.轴向直探头检测　　B.径向直探头检测　　C.斜探头外圆面轴向检测　　D.斜探头外圆面周向检测

158. 奥氏体钢锻件超声波检测时，探头频率一般选择（ ）。

A.0.1～0.5MHz 　　　　B.0.5～2MHz 　　　　C.2～5MHz 　　　　　D.5～10MHz

159. 下列哪种方法可增大超声波在粗晶材料中的穿透能力（ ）。

A.用直径较大的探头进行检测　　B.在细化晶粒的热处理后检测

C.将接触法检测改为液浸法检测　　D.将纵波检测改为横波检测

160. 检验厚度大于400mm的钢锻件时，如降低纵波的频率其声速将（ ）。

A.提高 　　　　　B.降低 　　　　　C.不变 　　　　　D.不定

161. 在锻件超声波检测中，当使用底面两次回波计算衰减系数时底面回波声程应（ ）。

A.大于非扩散区 　　B.大于近场区 　　C.大于3倍近场区 　　D.以上全部

162. 在锻件超声波检测中，下面有关用试块法调节锻件检测灵敏度的叙述中，哪点是正确的（ ）。

A.对厚薄锻件都适用　　B.对平面和曲面锻件都适用　　C.应作耦合及衰减差补偿　　D.以上全部

163. 钢锻件超声波检测时，检测灵敏度的校正方式是（ ）。

A.没有特定的方式 　　B.采用底波方式 　　C.采用试块方式 　　D.采用底波方式和试块方式

164. 钢锻件超声波检测时，以工件底面作为灵敏度校正基准，可以（ ）。

A.不考虑检测面的耦合差补偿　　B.不考虑材质衰减差补偿　　C.不必使用校正试块　　D.以上都是

165. 钢锻件超声波检测时，利用试块法校正检测灵敏度的优点是（ ）。

A.校正方法简单　　　　　　　　　　　B.对大于3N和小于3N的锻件都适用

C.可以克服检测面形状对灵敏度的影响　　D.不必考虑材质差异

166. 在使用2.5MHz直探头做锻件检测时，如用400mm深底波调整Φ3mm平底孔灵敏度，底波调整后应提高多少dB检测？（晶片直径D=14mm）（ ）。

A.36.5dB 　　　　B.43.5 dB 　　　　C.50 dB 　　　　D.28.5 dB

167. 用底波法调节锻件检测灵敏度时，下面有关缺陷定量的叙述中哪点是错误的（ ）。

A.可不考虑检测耦合差补偿　　　　B.缺陷定量可采用计算法或AVG曲线法

C.可不使用试块　　　　　　　　　D.缺陷定量可不考虑材质衰减差修正

168. 以下有关锻件白点缺陷的叙述，哪一条是错误的（ ）。

A.白点是一种非金属夹杂物　　　　　　　　　　　B.白点通常发生在锻件中心部位

C.白点的回波清晰、尖锐，往往有多个波峰同时出现　　D.一旦判断是白点缺陷，该锻件即为为合格

169. 用直探头检测钢锻件时，引起底波明显降低或消失的因素有（ ）。

A.底面与检测面不平行　　B.工件内部有倾斜的大缺陷　　C.工件内部有材质衰减大的部位　　D.以上全部

170. 锻件检测中，如果材料的晶粒粗大，通常会引起（　　）。

A.底波降低或消失　　　　B.有较高的"噪声"显示　　　　C.使声波穿透力降低　　　　D.以上全部

171. 锻件检测时，如果用试块比较法对缺陷定量，对于表面粗糙的缺陷，缺陷实际尺寸会（　　）。

A.大于当量尺寸　　　　B.等于当量尺寸　　　　C.小于当量尺寸　　　　D.以上都可能

172. 锻件超声波检测过程中，若检测人员确认锻件中有白点、裂纹等危害性缺陷存在时，应直接评为（　　）。

A.Ⅲ级　　　　B.Ⅳ级　　　　C.Ⅴ级　　　　D.Ⅵ级

三、问答题（共55题）

1. 什么叫超声波?它有哪些重要特性?

2. 产生超声波的必要条件是什么?

3. 简述影响超声波在介质中传播速度的因素有哪些?

4. 何谓超声场?超声场的特征量有哪些?

5. 什么叫声阻抗?它与哪些因素有关?

6. 什么叫超声波衰减?引起超声波衰减的主要因素有哪些?

7. 什么叫波型转换?波型转换的产生与哪些因素有关?

8. 什么是第一临界角 α_1?

9. 简述波的叠加原理?

10. 什么是超声场近场区和近场区长度?为何在实际检测中应尽量避免在近场区内检测定量?

11. 何谓主声束?什么是声束指向性?

12. 什么是当量尺寸?缺陷的当量定量法有几种?

13. 什么是试块?试块的主要作用是什么?

14. 什么是超声检测灵敏度?常用的调节检测灵敏度的方法有几种?

15. 什么是扫描速度?如何实现扫描速度的调节?

16. 钢板超声波检测时，哪几种情况会引起底波消失?

17. 采用手工接触法检测钢管时有什么要求?

18. 焊缝超声波检测时，如何选择探头折射角?

19. 焊缝超声波检测时，为何常采用横波检测?

20. 焊缝超声检测中，调节扫描速度的方法有哪几种?各适用于什么情况?

21. 钢板超声波检测中，什么情况即作为缺陷处理?

22. 简述焊缝超声检测所采用的距离—波幅曲线的组成?

四、计算题

1. 已知铝的纵波声速 C_L 为6300m/s，横波声速 C_S 为3100m/s，试计算频率f为2MHz的声波在铝中的纵、横波波长?

2. 已知超声波在有机玻璃中的 C_{L1}=2730m/s，钢中 C_{L2}=5900m/s， C_{S2}=3230m/s，求超声波纵波倾斜入射到有机玻璃/钢界面时的第一临界角 α_1 和第二临界角 α_{II} 为多少?

3. 已知有机玻璃中 C_{L1}=2730m/s，钢中 C_{S2}=3230m/s， C_{L2}=5900m/s，求探测钢的有机玻璃K2（K=tg β_s=2）横波斜探头的纵波入射角 α_1 为多少?

4. 用2.5MHz、Φ20mm直探头探测厚为200mm的饼形锻件，已知底波 B_1=80%， B_2=35%，若不计底面反射损失，求该锻件的材质衰减系数为多少?

5. 已知钢中C_L=5900m/s，求2.5MHz，Φ20mm纵波直探头在钢中辐射的纵波声场的近场区长度N和半扩散角θ。

6. 用2.5P12Z探头按标准检测厚度T=80mm的钢板，C_L=5900m/s，如何用钢板完好部位底波调节检测灵敏度（T=80mm时，50mm/Φ5）？

7. 用K值探头探测外径D=300mm，壁厚T=40mm的钢管，探头的最大K值为多少？

8. 用K2探头探测板厚为30mm的钢板对接焊缝，试问焊缝两侧的修磨宽度各为多少？

参考答案

一、是非题

（一）基础知识

1. √ 2. × 3. √ 4. √ 5. √ 6. √ 7. √ 8. × 9. √ 10. × 11. √ 12. √
13. × 14. √ 15. × 16. × 17. √ 18. × 19. √ 20. √ 21. √ 22. × 23. √
24. × 25. √ 26. √ 27. √ 28. √ 29. √ 30. √ 31. × 32. √ 33. √ 34. ×
35. × 36. √ 37. √ 38. × 39. √ 40. √ 41. × 42. × 43. √ 44. × 45. √
46. √

（二）专业知识

1. × 2. × 3. × 4. × 5. × 6. × 7. √ 8. √ 9. √ 10. √ 11. √ 12. ×
13. × 14. √ 15. √ 16. √ 17. √ 18. × 19. √ 20. √ 21. √ 22. × 23. √
24. × 25. √ 26. × 27. √ 28. √ 29. √ 30. √ 31. × 32. × 33. √ 34. ×
35. √ 36. × 37. √ 38. √ 39. √ 40. √ 41. × 42. √ 43. √ 44. √ 45. √
46. √ 47. × 48. √ 49. × 50. √ 51. × 52. √ 53. × 54. × 55. √ 56. √
57. √ 58. √ 59. × 60. × 61. √ 62. √ 63. × 64. × 65. × 66 √ 67. √
68. √ 69. √ 70. × 71. √ 72. × 73. × 74. √ 75. × 76. √ 77. × 78. ×
79. × 80. √ 81. √ 82. × 83. × 84. × 85 √ 86. × 87. ×

二、选择题

（一）基础知识

1. D 2. A 3. C 4. D 5. A 6. B 7. C 8. B 9. A 10. A 11. C 12. B 13. A
14. B 15. A 16. D 17. A 18. D 19. D 20. B 21. A 22. D 23. A 24. A 25. D
26. C 27. C 28. D 29. A

（二）专业知识

1. B 2. A 3. D 4. D 5. A 6. C 7. D 8. A 9. D 10. C 11. C 12. B 13. C
14. B 15. C 16. C 17. C 18. D 19. C 20. D 21. C 22. C 23. C 24. C 25. A
26. C 27. B 28. C 29. B 30. A 31. C 32. A 33. C 34. D 35. A 36. B 37. C
38. B 39. C 40. C 41. A 42. B 43. C 44. B 45. B、C 46. A 47. B 48. B
49. C 50. C 51. C 52. B 53. C 54. B 55. D 56. B 57. B 58. B 59. D 60. B
61. A 62. B 63. C 64. A 65. C 66. C 67. D 68. C 69. C 70. D 71. B 72. A

73. A	74. D	75. D	76. D	77. A	78. B	79. C	80. A	81. C	82. D	83. A	84. D
85. B	86. A	87. C	88. D	89. D	90. A	91. C	92. C	93. D	94. D	95. B	96. A
97. A	98. D	99. C	100. A	101. D	102. C	103. C	104. B	105. A	106. C		
107. C	108. B	109. D	110. A	111. B	112. A	113. A	114. B	115. B	116. D		
117. B	118. D	119. D	120. C	121. D	122. A	123. C	124. D	125. B	126. A		
127. B	128. C	129. D	130. D	131. B	132. B	133. D	134. D	135. B	136. B		
137. B	138. A	139. D	140. A	141. A	142. B	143. C	144. D	145. C	146. B		
147. D	148. B	149. C	150. D	151. B	152. B	153. A	154. D	155. C	156. C		
157. B	158. B	159. B	160. C	161. C	162. D	163. D	164. D	165. B	166. A		
167. D	168. A	169. D	170. D	171. A	172. C						

三、问答题（共55题）

1. 答：频率高于20000Hz的机械波称为超声波。其重要特性有：

（1）超声波可定向发射，在介质中沿直线传播且具有良好的指向性。

（2）超声波的能量高。

（3）超声波在界面上能产生反射、折射和波型转换。

（4）超声波穿透能力强。

2. 答：（1）要有做超声振动的波源（如探头中的晶片）

（2）要有能传播超声振动的弹性介质（如受检工件）

3. 答：（1）超声波在介质中的传播速度与介质的弹性模量和介质的密度有关。对一定的介质，弹性模量和密度为常数，故声速也是常数。不同介质，声速不同。

（2）超声波波型不同，声速也不一样。同一介质，传播不同类型声波时，声速也不相同。

（3）介质尺寸大小及介质温度对声速也有一定影响。

4. 答：充满超声波的空间或超声振动所波及的部分介质，称为超声场。

描述超声场的特征量有声压P、声强I和声阻抗Z。

5. 答：介质中某一点的声压P与该质点振动速度V之比，称为声阻抗，常用Z表示，Z=P/V。声阻抗在数值上等于介质的密度ρ与介质中声速C的乘积，Z=ρ·C。

6. 答：超声波在介质中传播时，随着距离增加，其能量逐渐减弱的现象称为超声波的衰减。引起超声波衰减的主要因素有：扩散衰减、散射衰减和吸收衰减。通常所说的介质衰减是指散射衰减和吸收衰减。

7. 答：当超声波倾斜入射到异质界面时，除产生同类型的反射波和折射波外，还同时产生不同类型的反射波和折射波，这种现象称为波型转换。

波型转换只发生在倾斜入射的场合，且与界面两侧介质的状态(液、气、固态）有关。

8. 答：由超声波纵波倾斜入射时的折射定律sin α$_L$/C$_{L1}$=sin β$_L$/C$_{L2}$可知，当C$_{L2}$>C$_{L1}$时，β$_L$>α$_L$，随α$_L$增加，β$_L$也增加，当α$_L$增加到一定程度时，β$_L$=90°，这时所对应的纵波入射角称为第一临界角α$_I$。

9. 答：当几列波在同一介质中传播并相遇时，相遇处质点的振动是各列波引起的分振动的合成。任一时刻该质点的位移是各列波引起的分位移的矢量和。相遇后的各列波保持各自原有振动特性(频率、波长、振幅、振动方向等)不变，并按各自原有的传播方向继续前进。这就是波的叠加原理。

10. 答：波源附近由于波的干涉而出现一系列声压极大极小值的区域，称为超声场的近场区波源轴线上最后一个声压极大值处至波源的距离称为近场区长度。

在近场区检测定量是不利的，处于声压极小值处的较大缺陷回波可能较低，而于声压极大值处的较小缺陷回波可能较高，这样就可能引起误判，甚至漏检，因此应尽可能避免在近场区内检测定量。

11. 答：声源正前方超声波的能量主要集中在扩散角2θ。锥形区域内称为主声束。以确定的扩散角向固定的方向辐射超声波的特性称为声束指向性。

指向性的优劣常用指向角表示，指向角即为主声束的半扩散角，通常用第一零辐射角 $\theta_。$ 表示，即声压为零的主声束边缘线与声束轴线间的夹角。

12. 答：在相同的探测条件下，将工件中自然缺陷的回波与同声程的某种标准反射体的回波进行比较，两者的回波等高时，标准反射体的尺寸就是自然缺陷的当量尺寸。当量仅表示对声波的反射能力相当，并非尺寸相等。

缺陷的当量定量法有：1.试块比较法2.计算法3.AVG曲线法

13. 答：按一定用途设计制作的具有简单几何形状人工反射体的试样，通常称为试块。试块和仪器、探头一样是超声波检测中的重要工具。

试块的主要作用：

（1）测试和校验探伤仪和探头的性能

（2）测定和校验检测灵敏度。

（3）调整扫描速度，确定缺陷位置。

（4）评判缺陷的大小。

（5）测量材质衰减和确定耦合补偿等。

14. 答：超声检测灵敏度是指在确定的检测范围的最大声程处发现规定大小缺陷的能力。有时也称评定灵敏度。通常以标准反射体的当量尺寸表示。实际检测中，常常将灵敏度适当提高，后者则称为扫查灵敏度。调节检测灵敏度的方法有：

（1）试块调节法：包括试块上人工标准反射体调节和试块底波调节两种方式。

（2）工件底波调节法：包括计算法，AVG曲线法，底面回波高度法等多种方式。

15. 答：超声波探伤仪示波屏上时基扫描线的水平刻度值 τ 与实际声程 χ 之间的比例关系称为扫描速度或时基线比例。一般将 τ ：χ 化为1：n。例如扫描速度1：2表示仪器示波屏上水平刻度值"1"代表实际声程2mm。调节扫描速度的一般方法是利用声程已知的两次不同的反射波前沿分别对准相应的水平刻度值来实现。

16. 答：钢板超声波检测时，下列情况会引起底波消失：

（1）表面氧化皮与钢板结合不好。

（2）近表面有大面积缺陷。

（3）在钢板中有吸收性缺陷。

（4）钢板中有倾斜大缺陷。

17. 答：（1）探头与工件表面应接触耦合良好。

（2）检测灵敏度的确定可直接在对比试样上将内壁人工尖角槽的回波高度调节到荧光屏满刻度的80%，再移动探头，在相同灵敏度下找出外壁人工尖角槽的最大回波，在荧光屏上标出，连接两点即为该探头的距离——波幅曲线，作为检测时的基准灵敏度。

（3）探头应在每根钢管的外圆周以两个相反的方向各检测一次。

18. 答：探头折射角的选择应从以下三个方面考虑：

（1）使声束能扫查到整个焊缝截面；

（2）使声束中心线尽量与焊缝中主要危险性缺陷垂直；

（3）保证有足够的检测灵敏度。

19. 答：在焊缝检测中，由于焊缝加强高表面凹凸不平，耦合条件差以及焊缝中裂纹、未焊透、未熔合等危险性大的缺陷往往与探测面垂直或成一定角度，纵波检测困难大且不易发现上述缺陷，因此一般采用横波检测。

20. 答：焊缝超声检测中，调节扫描速度的方法有以下三种：

（1）声程法：示波屏水平刻度值直接表示反射体至入射点的声程，常用于非K值探头探测焊缝的情况。

（2）水平距离法：示波屏水平刻度值直接表示反射体的水平投影距离，常用于采用K值探头探测板厚T＜20mm的焊缝。

（3）深度法：示波屏水平刻度值直接表示反射体的深度。常用于采用K值探头探测板厚＞20mm的焊缝。

21. 答：钢板超声检测中，下列三种情况之一均作为缺陷处理：

（1）缺陷第一次反射波（F_1）波高≥满刻度的50%，即F_1≥50%者；

（2）钢板底面第一次反射波B_1＜100%，而F_1/B_1≥50%者；

（3）钢板底面第一次反射波B_1低于荧光屏满刻度的50%者；

22. 答：距离—波幅曲线按所用探头和仪器在试块上实测的数据绘制而成，该曲线族由评定线、定量线和判废线组成。评定线与定量线（包括评定线）之间为Ⅰ区，定量线与判废线之间（包括定量线）为Ⅱ区，判废线及其以上区为Ⅲ区。

四、计算题

1. 解：已知C_L=6300m/s，C_S=3100m/s，f=2MHz，则

λ_L=C_L/f=6300×10^3/2×10^6=3.15（mm）

λ_S=C_S/f=3100×10^3/2×10^6=1.55（mm）

答：铝中纵波波长3.15mm，横波波长1.55mm。

2. 解：已知：C_{L1}=2730m/s，C_{L2}=5900m/s，C_{S2}=3230m/s，则$\alpha_Ⅰ$和$\alpha_Ⅱ$分别为：

$\alpha_Ⅰ$=arcsinC_{L1}/C_{L2}=arcsin2730/5900=27.6（°）

$\alpha_Ⅱ$=arcsinC_{L1}/C_{S2}=arcsin2730/3230=57.7（°）

答：第一、第二临界角分别为27.6°、57.7°。

3. 解：已知C_{L1}=2730m/s，C_{L2}=5900m/s

C_{S2}=3230m/s，K=2，求α_L=?

由K=tgβ_s=2得β_s=63.4° 由sinα_L/C_{L1}=sinβ_s/C_{S2}，得：

α_L=arcsin$C_{L1}$$C_{S2}$·sin$\beta_s$=arcsin27303230·sin63.4=49.1（°）

答：K2横波斜探头的纵波入射角α_L=49.1°。

4. 解：已知：X=200mm，B_1=80%，B_2=35%，求α=?

$$\alpha=\frac{20Lg\dfrac{B_1}{B_2}-6}{2X}=\frac{20Lg\dfrac{80}{35}-6}{2\times200}=0.003（dB/mm）$$

答：该锻件的材质衰减系数α=0.003dB/mm（单程）。

5. 解：已知C_L=5900m/s，f=2.5MHz，D=20mm，求N=?，$\theta_。$=?

λ=C_L/f=5.9×10^6/2.5×10^6=2.36（mm）

N=D^2/4λ=20^2/4×2.36=42.4（mm）

$\theta_。$=70λ/D=70×2.36/20=8.26（°）

答：此探头在钢中辐射的纵波声场的近场区长度N=42.4mm，半扩散角$\theta_。$=8.26°。

6. 解：已知：C_L=5900m/s，f=2.5MHz，X_B=80mm，Φ=5mm X_f=50mm＞3N

求:80mm厚大平底与50mm/Φ5的dB差值△=?

λ=5.9×10^6/2.5×10^6=2.36（mm）

∴△=20lg2$\lambda$$X_f^2$/$\pi$$\Phi^2$$X_B$=20lg2×2.36×$50^2$/3.14×$5^2$×80=5.5（dB）≈6（dB）

答：将钢板完好部位的第一次底波B1调到满刻度的50%，然后再增益6dB作为检测灵敏度。

7. 解： 由已知得R=150mm，T=40mm，求K≤？

（1）求探测内壁所需的最大βs：

$\sin \beta s=r/R=(R-T)/R=(150-40)/150=0.7333$， $\beta s=47.17$（°）

（2）求探测内壁所需的最大K值：

$K≤tg\beta s=tg47.17=1.08$

答：探头最大K值为1.08。

8. 解： （1）K=2,T=30mm时，用一次反射法检测，其修磨宽度为：

$L_1≥1.25P=1.25×2TK=2.5×30×2=150$（mm）

答：T=30mm焊缝两侧打磨宽度不小于150mm。